U0318591

国家中职示范校机电类技能人才培养系列教材

工厂电气控制设备

胡晓晴　主编
黄晓红　主审

化学工业出版社
·北京·

本教材是按照理实一体化的职教理念进行编写的。全书分为两大模块。模块一电气控制的基本知识，介绍低压电器、三相笼型异步电动机和其他常用电动机的电气控制。模块二常见机床控制电路分析与故障排除，主要介绍常用机床的电气控制。每个模块都精心设计了若干实操任务。

本书可作为中等职业学校机电类专业的教材和参考书。

图书在版编目（CIP）数据

工厂电气控制设备/胡晓晴主编. —北京：化学工业出版社，2014.8（2018.3 重印）
国家中职示范校机电类技能人才培养系列教材
ISBN 978-7-122-21001-2

Ⅰ. ①工…　Ⅱ. ①胡…　Ⅲ. ①工厂-电气控制装置-中等专业学校-教材　Ⅳ. ①TM571.2

中国版本图书馆 CIP 数据核字（2014）第 132944 号

责任编辑：刘　哲　　装帧设计：王晓宇
责任校对：王素芹

出版发行：化学工业出版社（北京市东城区青年湖南街 13 号　邮政编码 100011）
印　　刷：北京京华铭诚工贸有限公司
装　　订：北京瑞隆泰达装订有限公司
787mm×1092mm　1/16　印张 6¼　字数 125 千字　2018 年 3 月北京第 1 版第 3 次印刷

购书咨询：010-64518888（传真：010-64519686）　售后服务：010-64518899
网　　址：http://www.cip.com.cn
凡购买本书，如有缺损质量问题，本社销售中心负责调换。

定　　价：18.00 元　

序

职业教育需要根据行业的发展和人才的需求设定人才的培养目标，当前各行业对技能人才的要求越来越高，而激烈的社会竞争和复杂多变的就业环境，也使得职业院校学生只有扎实地掌握一技之长才能实现就业。但是，加强技能培养并不意味着弱化或放弃基础知识的学习；只有扎实地掌握相关理论基础知识，才能自如地运用各种技能，甚至进行技术创新。所以如何解决理论与实践相结合的问题，走出一条理实一体化的教学新路，是摆在职业教育工作者面前的一个重要课题。

项目任务式教学教材就很好地体现了职业教育理论与实践融为一体这一显著特点。它把一门学科所包含的知识有目的地分解分配给一个个项目或者任务，理论完全为实践服务，学生要达到并完成实践操作的目的就必须先掌握与该实践有关的理论知识，而实践又是一个个有着能引起学生兴趣的可操作项目。这是一种在目标激励下的了解和学习，是一种完全在自己的主观能动性驱动下的学习，可以肯定这种学习是一种主动的有效的学习方式。

编写教材是一项创造性的工作，一本好教材凝聚着编写人员的大量心血。今天职业教育的巨大发展和光明前景，离不开这些致力于好教材开发的职教工作者。现在奉献给大家的这一套机电类技能人才培养系列教材，是在新形势下根据职业教育教与学的特点，在经历了多年的教学改革实践探索后编写的比较好的教材。该系列教材体现了作者对项目任务教学的理解，体现了对学科知识的系统把握，体现了对以工作过程为导向的教学改革的深刻领会。

本系列教材内容统筹规划，合理安排知识点与技能训练点，教学内涵生动活泼，尽可能使教材体系和编写结构满足职业教育机电类技能人才培养教学要求。

我们衷心希望本套教材的出版能够对目前职业院校的教学工作有所帮助，并希望得到职业教育专家和广大师生的批评与指正，以期通过逐步调整、完善和补充，使之更符合机电类技能人才培养的实际。

国家中职示范校机电类技能人才培养系列教材编审委员会

2013年9月

FOREWORD 前言

本教材是在建设中等职业国家示范性学校的过程中，按照理实一体化的职教理念来编写的。在编写过程中，遵循“教、学、做”一体化的编写思路，采用模块编排内容。全书共有两个模块，每个模块由若干任务组成，每个任务都由任务描述、相关知识、任务实施、拓展知识和习题五部分组成。所选模块包括电气控制的基本知识、常见机床控制电路分析与故障排除。

本教材的编写具有如下几个特点。

(1) 以应用为核心。本教材结合杭州天煌教仪 DDSZ-1 型电机及电气技术实验装置，通过任务引导来组织教学内容，把理论知识与实践技能有机地结合起来，理论以适用、够用为主，便于学生理解和掌握。

(2) 突出任务的层次性。遵循学生认知规律，将实践技能和理论知识培养按照由易到难的规律融于各个任务中。

(3) 培养学生技能，强化实操能力。以国家职业标准为依据，把职业资格认证培训内容和学生工作后的上岗培训内容融入到教材中，使两者有机地衔接起来，延伸教材的使用功能，从而强化学生职业能力的培养，提高学生就业上岗的适应能力。

本书可作为中等职业学校机电类专业的教材和参考书，也可作为相关技术培训的教材及参考书。

本教材建议的学时如下，选修内容在书中已用“※”标出，不同学校不同专业可根据实际情况选取。

教学内容		建议课时
模块一　电气控制的基本知识	任务一　常用低压电器拆装与测试	8
	任务二　三相异步电动机点动/长动/正反转控制电路的分析与安装	14
	任务三　电动机自动往返控制电路的分析与安装	4
	任务四　电动机降压启动控制电路的分析与安装	18
	任务五　电动机制动控制电路的分析与安装	4
模块二　常见机床控制电路分析与故障排除	任务一　C650 型卧式车床控制电路分析	8
	任务二　X62W 型铣床控制线路的分析与故障排除	8

续表

教学内容		建议课时
机动		8
合计		72

本教材由胡晓晴任主编，对全书进行统稿。模块一中任务一、二由胡晓晴编写，任务三至任务五由吴图聪编写；模块二由杨淑玲编写。王祖元负责图片资料整理。全书内容由广东省轻工职业技术学校黄晓红主审。在编写过程中，得到了广东省轻工职业技术学校的大力支持，同时也得到学校机电专业教学指导委员会中各位企业专家、教育专家的大力指导。

限于编者的水平和经验，书中难免存在不妥之处，恳请读者提出批评和修改意见。

编者

2014年5月

CONTENTS 目 录

模块一 电气控制的基本知识

模块一 电气控制的基本知识

在工业、农业、交通、国防以及人们日常生活等用电中，大多数采用低压供电。低压供电的输送、分配和保护是依靠刀开关、自动开关以及熔断器等低压电器来实现的，电气元件的质量将直接影响到低压供电系统的可靠性。低压电器的使用是将电能转换为其他能量，其过程中的控制、调节和保护都是依靠各类接触器和继电器等低压电器来完成的。无论是低压供电系统还是控制生产过程的电力拖动控制系统，均是由用途不同的各类低压电器所组成的。

低压电器通常是指工作在交流电压小于1200V、直流电压小于1500V的电路中，起通、断、保护、控制或调节作用的电气设备。随着生产的发展以及工业部门使用电压等级的提高，低压电器的电压等级范围也相应提高。

任务一 常用低压电器拆装与测试

一、任务描述

通过拆装常用低压电器，熟悉常用低压电器的结构与动作原理，掌握常用低压电器的拆装方法和步骤，并能对常见故障进行判断，掌握常用低压电器的参数测试方法，从而了解常用低压电器的基本结构。

二、相关知识

1. 低压电器的分类

由于低压电器的功能、品种和规格的多样化，工作原理也各异，因而有不同的分类方法。习惯上按用途可分为以下几类。

（1）低压配电电器

主要用于低压供电系统。这类低压电器包括刀开关、自动开关、隔离开关、转换开关以及熔断器等。对这类电器的主要技术要求是分断能力强，限流效果好，动稳定及热稳定性能好。

（2）低压控制电器

主要用于电力拖动控制系统。这类低压电器包括接触器、继电器、控制器等。对这类电器的主要技术要求是有一定的通断能力，操作频率要高，电气和机械寿命要长。

（3）低压主令电器

主要用于发送控制指令的电器。这类电器包括按钮、主令开关、行程开关和万能转换开关等。对这类电器的主要技术要求是操作频率要高，抗冲击，电气和机械寿命要长。

（4）低压保护电器

主要用于对电路和电气设备进行安全保护的电器。这类低压电器包括熔断器、热继电器、安全继电器、电压继电器、电流继电器和避雷器等。对这类电器的主要技术要求是有一定的通断能力，反应要灵敏，可靠性要高。

（5）低压执行电器

主要用于执行某种动作和传动功能的电器。这类低压电器包括电磁铁、电磁离合器等。

低压电器还可按使用场合分为一般工业用电器、特殊工矿用电器、安全电器、农用电器及牵引电器等；按电器的动作性质分为手动电器和自动电器；按有无触点分为有触点电器和无触点电器等。

2. 低压电器的基本结构

（1）触头

触头是电器的执行部分，起通、断电路的作用，应具有良好的导电、导热性能。触头通常由铜制成，也有些电器，如继电器等，其触头也常用银制成。触头的结构形式有桥式触头和指形触头，如图 1-1 所示。桥式触头中，电路的通、断由两个触点完成，适用于接触压力小、电流不大的情况。指形触头接通时，压力较大，产生滚动摩擦，利于消除铜表面因高温而生成的氧化铜厚膜层。这种形式适用于电流大、接触次数多的场合。

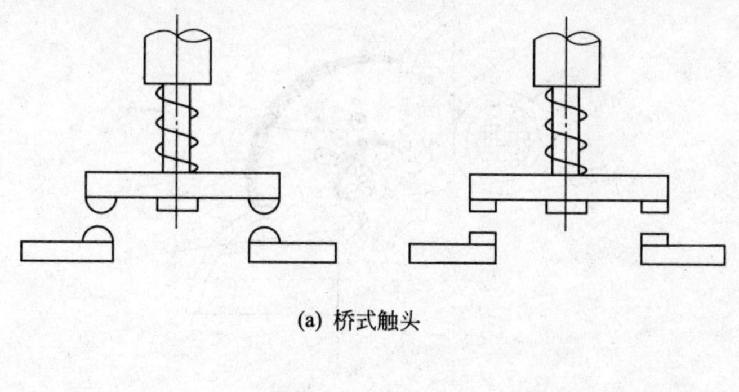

(a) 桥式触头

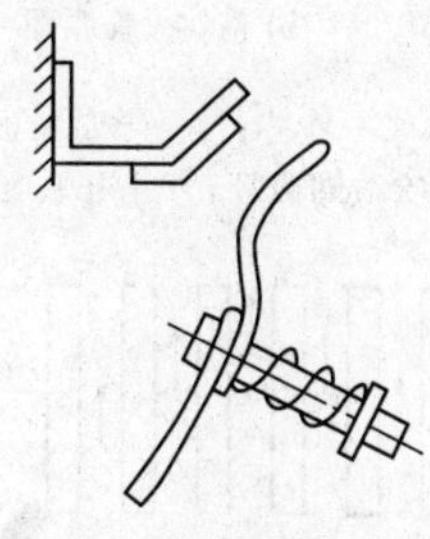

(b) 指形触头

图 1-1 触头的结构形式

(2) 灭弧装置

触头间气体在强电场作用下产生的放电现象称为电弧。开关电器在切断电流电路时，触头间电压大于10V，电流超过80mA时，触头间会产生蓝色的光柱，即电弧。电弧延长了切断故障的时间，产生高温，会引起电弧附近电气绝缘材料烧坏，缩短电器的使用寿命，还有可能形成飞弧，造成电源短路事故。因此要采取适当的措施熄灭电弧。常用的方法有电动力灭弧、磁吹灭弧、窄缝灭弧、栅片灭弧等。灭弧原理分别如图 1-2 所示。

(3) 电磁机构

电磁机构通常采用电磁铁的形式，由吸引线圈、铁芯、衔铁三大部分组成，其结构形

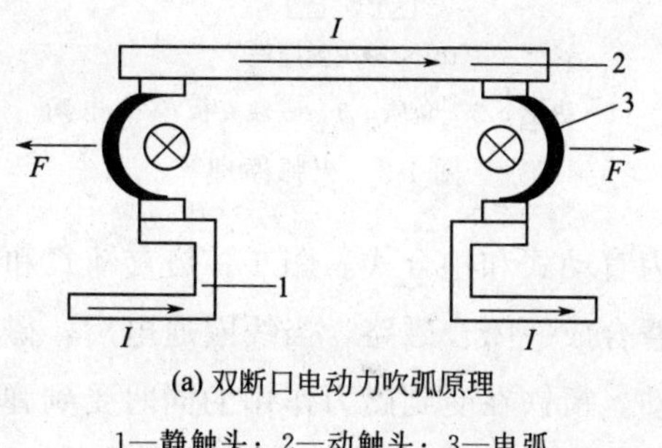

(a) 双断口电动力吹弧原理

1—静触头；2—动触头；3—电弧

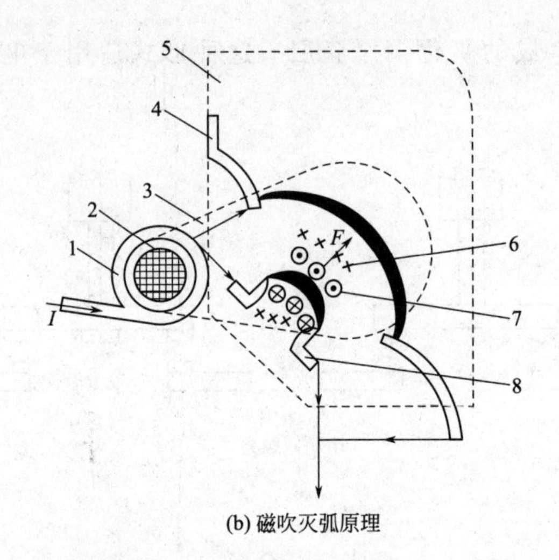

(b) 磁吹灭弧原理

1—磁吹线圈；2—铁芯；3—导磁夹板；4—引弧角；
5—灭弧罩；6—磁吹线圈磁场；7—电弧电流磁场；8—动触头

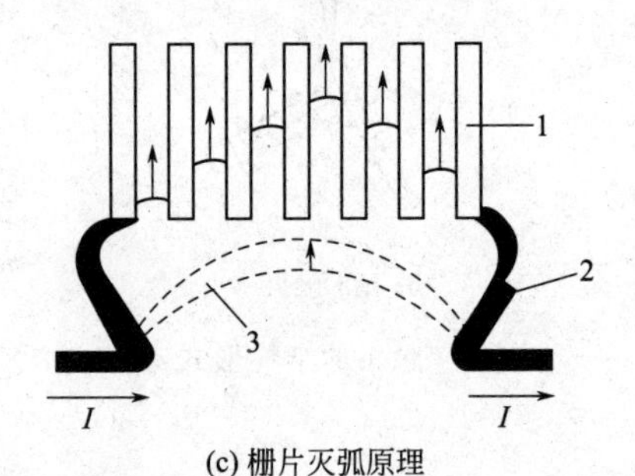

(c) 栅片灭弧原理

1—灭弧栅片；2—触头；3—电弧

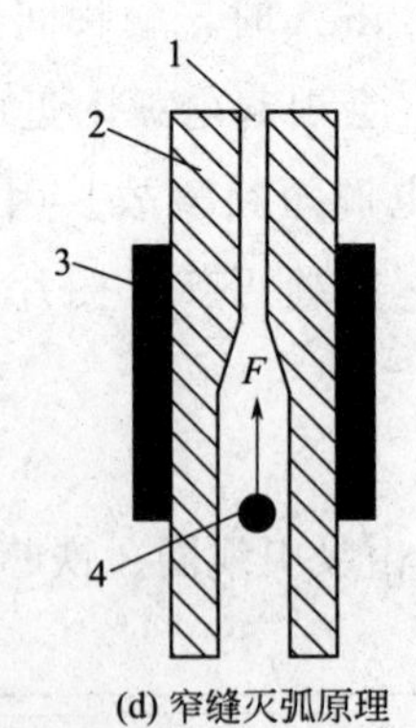

(d) 窄缝灭弧原理

1—纵缝；2—介质；3—磁性夹板；4—电弧

图 1-2　灭弧原理

式按衔铁的运动方式可分为直动式和拍合式。图 1-3 是直动式和拍合式电磁机构的常用结构形式。铁芯由电工钢片叠合成一闭合磁路，当线圈通电后，磁通通过铁芯，衔铁受到电磁力作用，朝铁芯方向运动，衔铁在受到磁力作用的同时受到弹簧的反作用拉力，当电磁力大于弹簧反作用时，衔铁吸合；反之，衔铁释放。

电磁机构中的线圈一般跨接在电源电压两端，称为电压线圈。衔铁被释放的释放电压

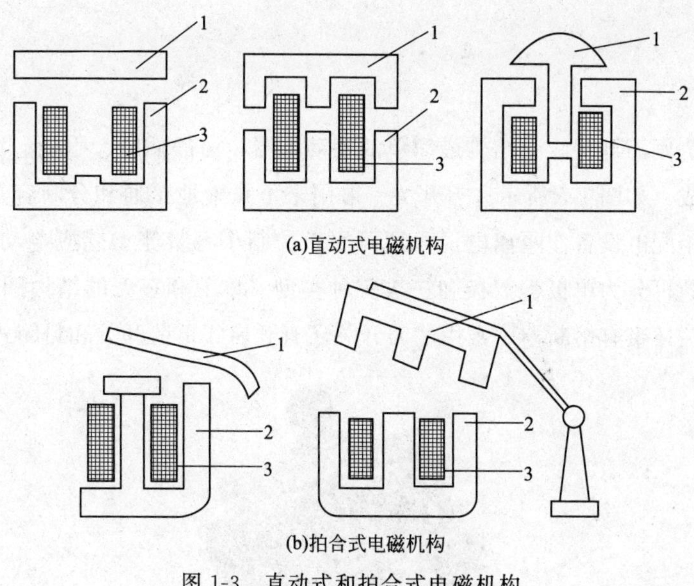

图 1-3　直动式和拍合式电磁机构

1—衔铁；2—铁芯；3—线圈

与被吸合的最低电压的比值称为电压返回系数，一般用 K_V 表示。电磁机构中的线圈若是串接在回路中，称为电流线圈。衔铁被释放的释放电流与被吸合的最低电流的比值称为电流返回系数，一般用 K_I 表示。

电磁机构中通入直流电的线圈称直流线圈，通入交流电的线圈称交流线圈。对于直流线圈，铁芯不发热，只有线圈发热，因此线圈与铁芯接触以利散热。线圈做成无骨架、高而薄的瘦高型，以改善线圈自身散热。铁芯和衔铁由软钢或工程纯铁制成。对于交流线圈，除线圈发热外，由于铁芯中有涡流和磁滞损耗，铁芯也会发热。为了改善线圈和铁芯的散热情况，在铁芯与线圈之间留有散热间隙，而且把线圈做成有骨架的矮胖型。铁芯用硅钢片叠成，以减少涡流。

在交流电磁机构中，电磁力呈周期性变化，常会产生振动，发出噪声。为了消除这种现象，常采用的办法是：在铁芯的端部开一个槽，槽内嵌入短路环（称为分磁环的铜环），如图 1-4 所示。当励磁线圈通交流电时，铁芯有磁通 Φ_1 通过，短路环中有感应电流产生，该电流又产生一磁通 Φ_2，磁通 Φ_1 和 Φ_2 不同时为零，使线圈通电时电磁力始终大于弹簧作用力，从而消除振动和噪声。

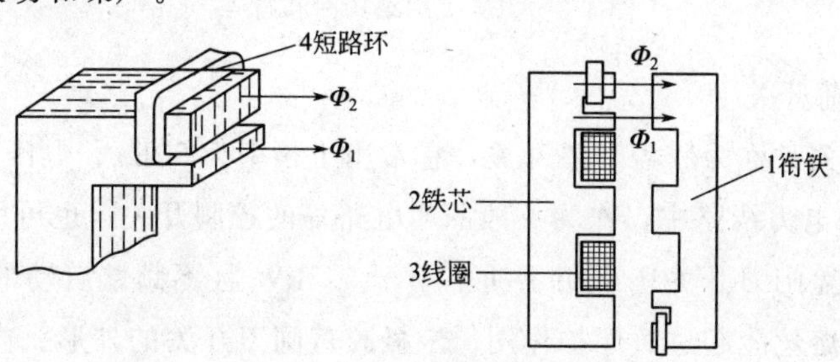

图 1-4　交流电磁铁的短路环

3. 常用低压电器

（1）刀开关

刀开关又称为闸刀开关，是结构最简单的手动电器，由静插座、手柄、动触刀、铰链支座和绝缘底板组成，如图 1-5 所示。刀开关一般用来不频繁地接通和分断容量较小的低压供电线路，也可用于配电设备作隔离电源，还可用于控制小容量笼型感应电动机的直接启动。刀开关按刀的极数可分为单极、双极和三极三种类型。单刀和三刀的结构图和符号如图 1-6 所示。有些刀开关还带有熔断器。常用的刀开关还有开启式负荷开关和封闭式负荷开关等。

图 1-5　刀开关的外观图

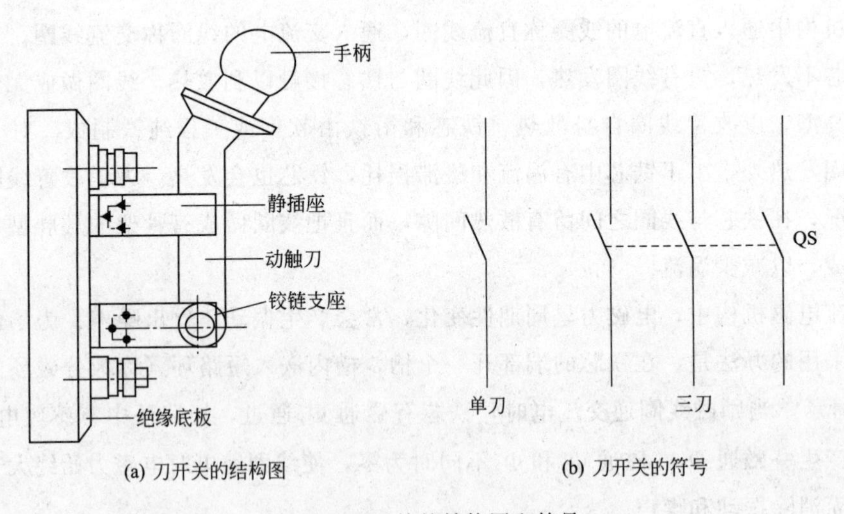

(a) 刀开关的结构图　(b) 刀开关的符号

图 1-6　刀开关的结构图和符号

（2）开启式负荷开关

开启式负荷开关又称为胶盖闸刀开关，它常用于频率为 50Hz、电压为 380V 以下、电流小于 60A 以下的电力线路中，作为一般照明电路等的控制开关；也可用作分支线路的配电开关。三极的胶盖闸刀开关还可用于功率小于 5.5kW 且不频繁启动的电动机直接启动的控制开关，借助熔丝能起过载保护作用。三极胶盖闸刀开关的外形、内部结构及符号如图 1-7 所示。

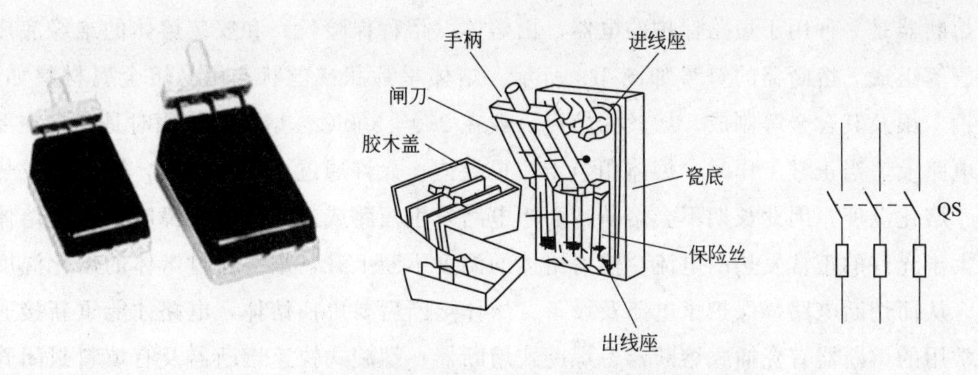

图 1-7　三极胶盖闸刀开关的外形、内部结构及符号

（3）封闭式负荷开关

封闭式负荷开关又称为铁壳开关，是由刀开关、熔断器、灭弧装置、操作机构和钢制外壳组成。常用于配电线路，用作电源开关、隔离开关和应急开关并作为电路的保护之用。HH3 系列封闭式负荷开关的外形及结构如图 1-8 所示。电路的通断由手柄操纵，手柄与操作机构相连。操作机构有机械联锁，当手柄位于闭合位置时，铁壳不能打开；当手柄处于分断位置时，铁壳不能合上，这样便能确保操作安全，避免触电。封闭式负荷开关的接通和分断的速度与手柄操作速度无关。

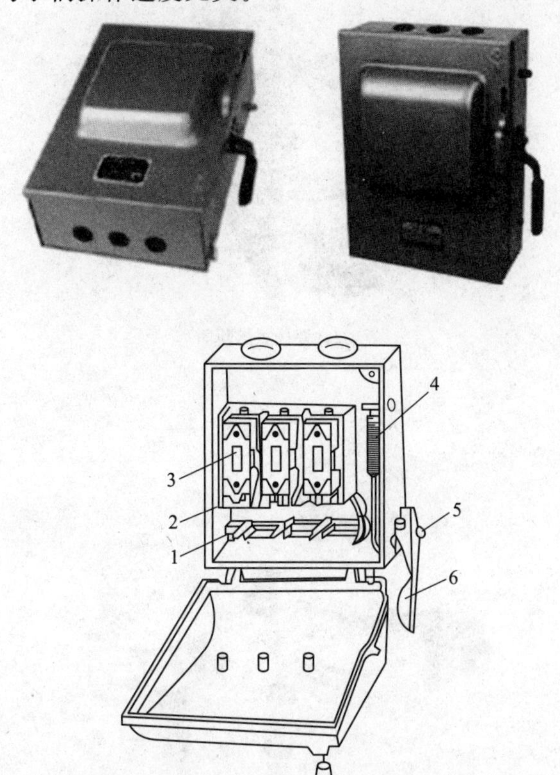

图 1-8　HH3 系列铁壳开关的外形及结构

1—动触点；2—静触点；3—熔断器；4—速动弹簧；5—绝缘方轴；6—操作手柄

(4) 熔断器

熔断器是一种用于短路保护的电器，由熔体（俗称保险丝）和安装熔体的绝缘底座或绝缘管等组成。熔断器的符号如图 1-9 所示。熔体呈片状或丝状，用易熔金属材料如锡、铅、铜、银及其合金等制成，熔丝的熔点一般在 200～300℃。熔断器使用时是串接在要保护的电路上，当正常工作时，熔体相当于一根导体，允许通过一定的电流，熔体的发热温度低于熔化温度，因此长期不会熔断；而当电路发生短路或严重过载故障时，流过熔体的电流大于允许的正常发热的电流，使得熔体的温度不断上升，最终超过熔体的熔化温度而熔断，从而切断电路，保护了电路及设备。熔体熔断后要更换熔体，电路才能重新接通工作。常用的熔断器有瓷插式熔断器、螺旋式熔断器、螺旋式快速熔断器及有填料封闭管式熔断器等类型，分别如图 1-10 所示。

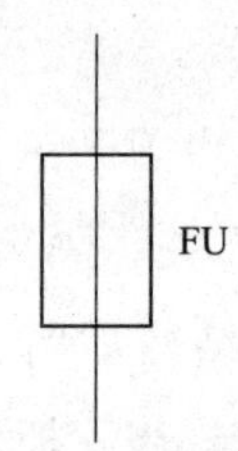

图 1-9 熔断器的符号

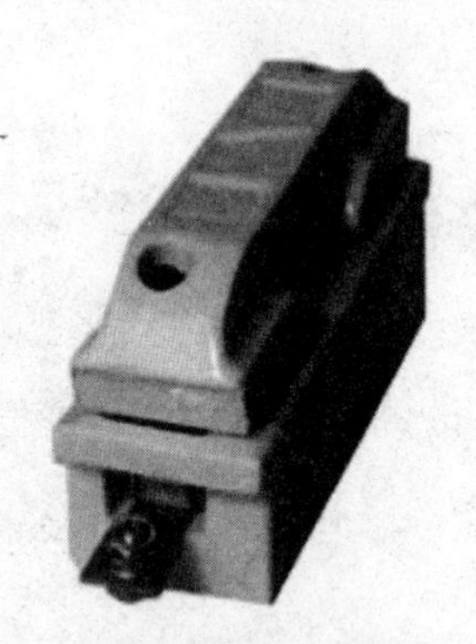

(a) 瓷插式熔断器

(b) 螺旋式熔断器

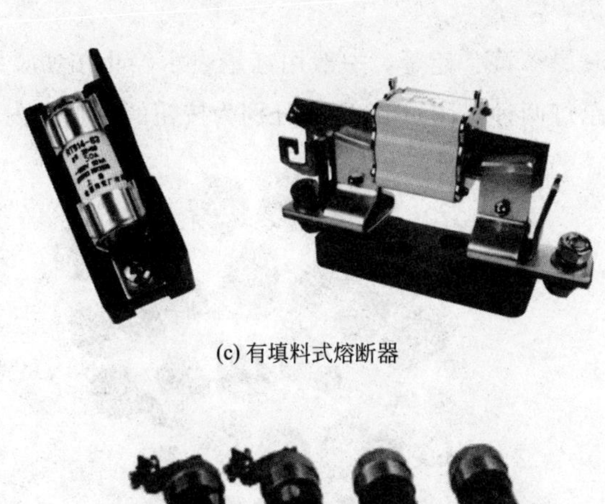

(c) 有填料式熔断器

(b) 无填料密封式熔断器

(e) 快速熔断器

(f) 自恢复熔断器

图 1-10 熔断器的外形

(5) 按钮

按钮是一种手动且能自动复位的主令电器，一般做成复合型，由按钮、恢复弹簧、桥式动触头、静触头和外壳等组成。当常态（未受外力）时，在复位弹簧作用下，静触点与桥式动触点闭合，该触点习惯上称为常闭（动断）触点；静触点与桥式动触点分断，该触点习惯上称为常开（动合）触点。当按下按钮时，动触点先和静触点分断，然后和静触点闭合。为了标明各个按钮的作用，避免误操作，通常将按钮帽做成不同的颜色，以示区别。

按钮帽的颜色有红、绿、黑、黄、蓝等，一般用红色表示停止按钮，绿色表示启动按钮。按钮有带指示灯和不带指示灯两种。图 1-11 所示分别为按钮的外形、内部结构和符号。

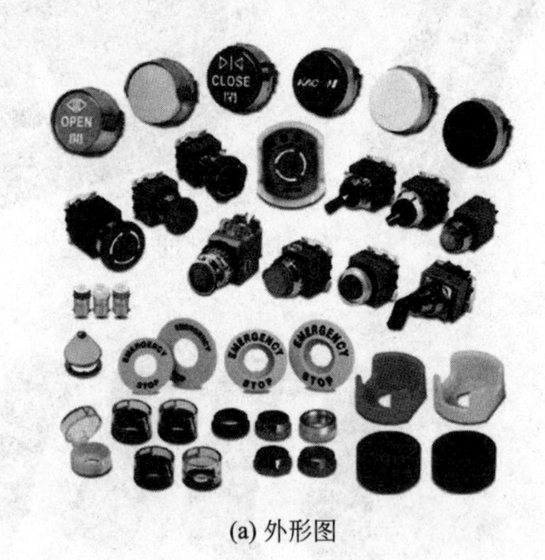

(a) 外形图

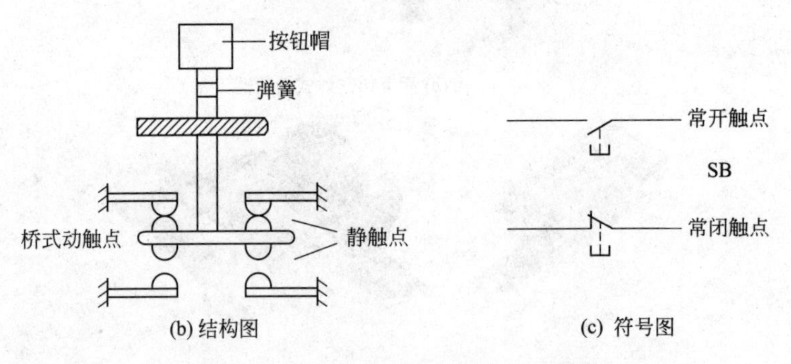

(b) 结构图　　(c) 符号图

图 1-11　按钮的外形、内部结构及符号

(6) 接触器

接触器是一种用来频繁接通或断开交直流主电路及大容量控制电路的自动切换电器。它是利用电磁吸力和弹簧反作用力配合动作而使触头闭合或分断的一种电器，还具有低压释放保护的功能，并能实现远距离控制，在自动控制系统中应用得相当广泛。接触器按其主触头通过电流的种类不同，可分为直流接触器和交流接触器。图 1-12 为交直流接触器外形，图 1-13 为接触器的符号。

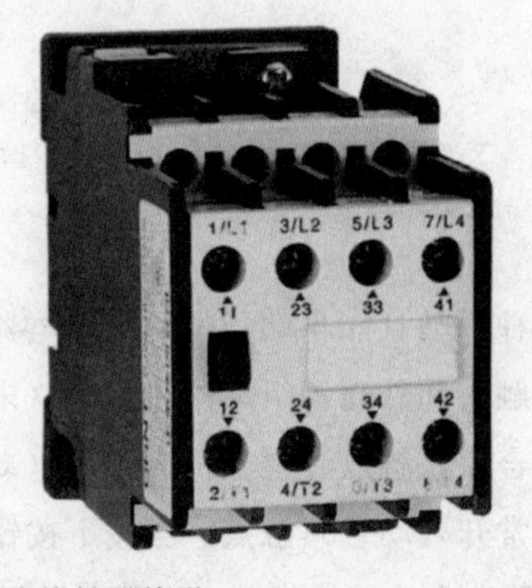

图 1-12　交直流接触器外形

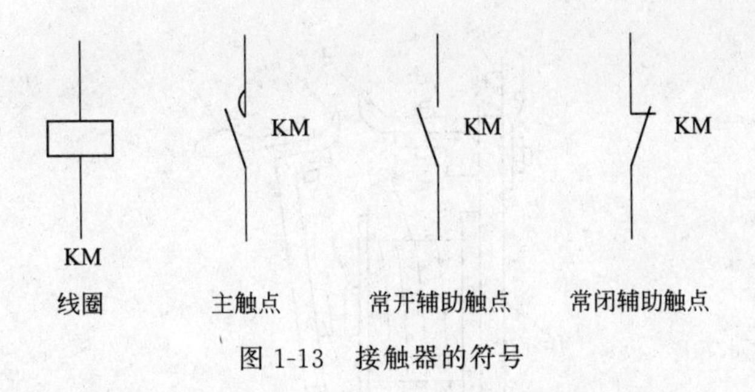

图 1-13　接触器的符号

交流接触器由电磁机构、触点系统、灭弧装置和其他部件组成。图 1-14 为 CJ20-63 型交流接触器的结构示意图，图 1-15 为交流接触器的工作原理图。

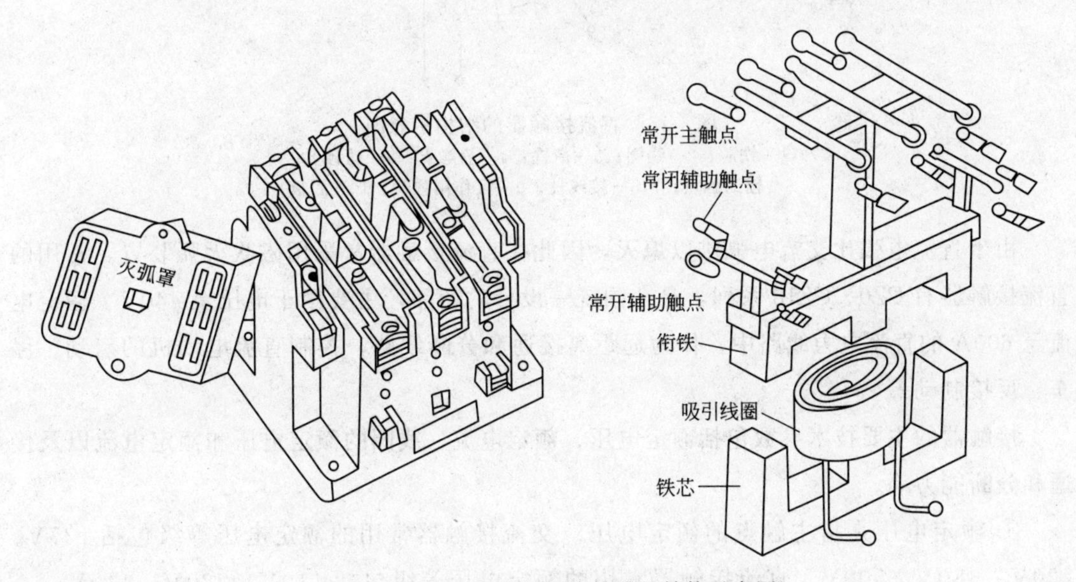

图 1-14　CJ20-63 型交流接触器的结构示意图

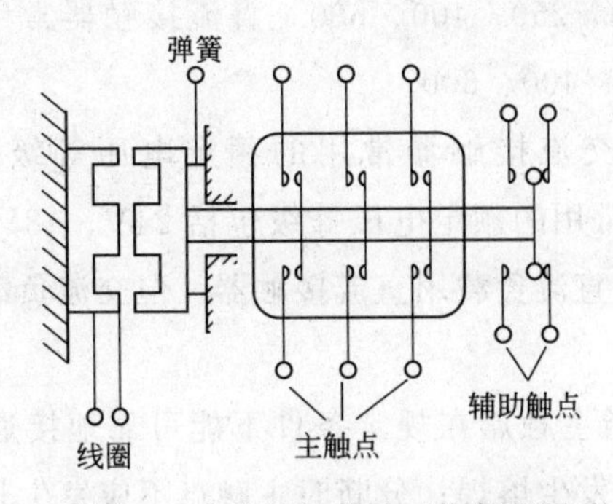

图 1-15　交流接触器的工作原理图

直流接触器的结构和工作原理与交流接触器基本相同，也是由触点系统、电磁机构、灭弧装置等部分组成。但也有不同之处，电磁机构的铁芯中磁通变化不大，故可用整块铸钢做成。图 1-16 为直流接触器的结构示意图。

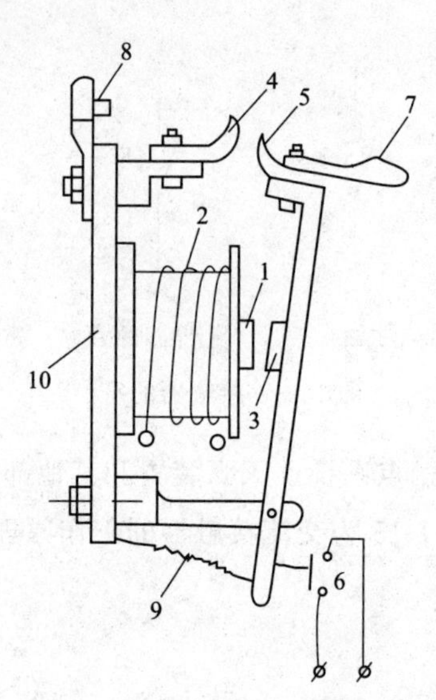

图 1-16　直流接触器的结构示意图

1—铁芯；2—线圈；3—衔铁；4—静触点；5—动触点；
6—辅助触点；7,8—接线柱；9—反作用弹簧；10—底板

由于直流电弧比交流电弧难以熄灭，因此在直流接触器常采用磁吹灭弧装置。常用的直流接触器有 CZ0、CZ18 系列，是全国统一设计的产品，主要用于电压至 440V、额定电流至 600A 的直流电力线路中，作为远距离接通和分断线路，控制直流电动机的启动、停车、反接制动等。

接触器的主要技术参数包括额定电压、额定电流、线圈的额定电压和额定电流以及接通和分断能力等。

① 额定电压是指主触点的额定电压。交流接触器常用的额定电压等级包括 127V、220V、380V、500V。直流接触器常用的额定电压等级包括 110V、220V、440V。

② 额定电流是指主触点的额定电流。交流接触器常用的额定电流等级（A）包括 5、10、20、40、60、100、150、250、400、600。直流接触器常用的额定电流等级（A）包括 40、80、100、150、250、400、600。

③ 线圈的额定电压。交流接触器常用的额定电压等级包括 36V、110（127）V、220V、380V。直流接触器常用的额定电压等级包括 24V、48V、220V、440V。选用时一般交流负载用交流接触器，直流负载用直流接触器，但交流负载频繁动作时可采用直流线圈的交流接触器。

④ 接通和分断能力是指主触点在规定条件下能可靠地接通和分断的电流值。在此电流值下，接通时主触点不应发生熔焊；分断时主触点不应发生长时间燃弧。若超出此电流值，其分断则是熔断器、自动开关等保护电器的任务。

⑤ 额定操作频率是指每小时的操作次数。交流接触器最高为 600 次/h，而直流接触器最高为 1200 次/h。操作频率直接影响到接触器的电寿命和灭弧罩的工作条件，对于交流接触器还影响到线圈的温升。

接触器应合理选择，一般根据以下原则来选择接触器。

① 接触器类型：交流负载选交流接触器，直流负载选直流接触器，根据负载大小不同，选择不同型号的接触器。

② 接触器额定电压：接触器的额定电压应大于或等于负载回路电压。

③ 接触器额定电流：接触器的额定电流应大于或等于负载回路的额定电流。对于电动机负载，可按经验公式 $I_j=1.3I_e$ 计算，其中，I_j 为接触器主触点的额定电流，I_e 为电动机的额定电流。

④ 吸引线圈的电压：吸引线圈的额定电压应与被控回路电压一致。

⑤ 触点数量：接触器的主触点、常开辅助触点、常闭辅助触点数量应与主电路和控制电路的要求一致。

(7) 热继电器

热继电器是利用测量元件被加热到一定程度而动作的一种继电器，在电路中用作电动机或其他负载的过载和断相保护。它主要由加热元件、双金属片、触头和传动系统构成。但须指出的是，由于热继电器中发热元件有热惯性，在电路中不能做瞬时过载保护，更不能做短路保护，不同于过电流继电器和熔断器。

按相数来分，热继电器有单相、两相和三相式三种类型，每种类型按发热元件的额定电流又有不同的规格和型号。三相式热继电器常用于三相交流电动机做过载保护。按职能来分，三相式热继电器又有不带断相保护和带断相保护两种类型。

图 1-17 为 JR10-10 型热继电器外形结构图，图 1-18 为双金属片热继电器的结构原理图，热继电器的符号如图 1-19 所示。双金属片是由两种不同膨胀系数的金属压焊而成，与加热元件串联在主电路上，当电机过载时，双金属片受热弯曲，从而推动导板移动，将常闭触点（该触点串在接触器线圈回路中）分开，以切断电路达到保护电动机的目的。

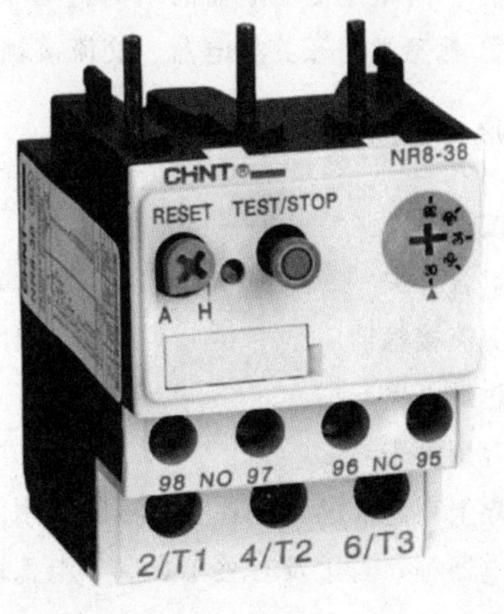

图 1-17　热继电器的外形

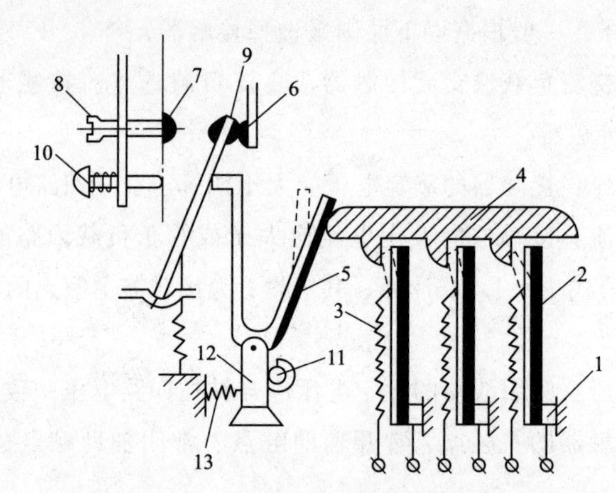

图 1-18 热继电器的结构原理图

1—接线端子；2—主双金属片；3—热元件；4—推动导板；5—补偿双金属片；6—常闭触点；7—常开触点；8—复位调节螺钉；9—动触点；10—复位按钮；11—偏心轮；12—支撑件；13—弹簧

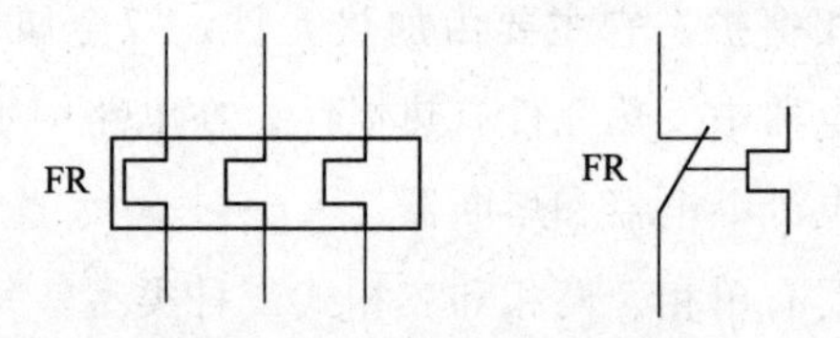

图 1-19 热继电器的符号

三、任务实施

1. 实验目的

① 了解常用低压电器的结构、型号、规格、技术数据及使用方法。

② 熟悉常用开关类电器、交流接触器、热继电器的基本结构，掌握其拆装工艺。

2. 实验设备及仪表

按钮		
组合开关	HZ5-10/1.7 10A	1 个
交流接触器	CJ10-10 线圈电压	1 只
热继电器	JR16B-20/3D（热元件 5A）	1 只
万用电表	MY-61 型	1 只

除上列之外的其他各种型号的常用低压电器（如接触器、中间继电器、熔断器、各种主令电器等）若干及有关工具（如电工钳、尖嘴钳、一字旋具和十字旋具、活动扳手、镊子等）若干。

3. 实验内容与步骤

① 熟悉实验室的环境、电源和设备的布置，听实验指导教师讲解电控实验的安全和有关要求。

② 观察并熟悉电气控制实验所使用的各种常用低压电器（如各种刀开关、接触器、各种继电器、熔断器、各种主令电器等）的结构、型号、接线出点的位置，并将各种电器的型号规格记录下来。

③ 按钮、组合开关的观测。观察按钮、组合开关的结构，并用万用表测量其触头的通断情况。

④ 交流接触器的拆卸和组装

(1) 观察接触器的结构

接触器主要由电磁系统、触头系统、灭弧装置三部分组成。灭弧罩内有三格罩在主触头的上方，称相间隔弧板隔弧。所有触头采用的都是桥式结构，三对主触头，两边的是辅助触头，各有一对，上面的是常闭，下面的是常开。电磁系统由铁芯、衔铁和线圈组成。

(2) 接触器的拆装工艺和步骤

拆卸步骤

① 卸下灭弧罩紧固螺钉，取下灭弧罩。

② 拉紧主触头定位弹簧，将主触头侧转 45°后取下，取下主触头压力弹簧。

③ 松开接触器底座的盖板螺钉，取下盖板。在松盖板螺钉时，要用手按住螺钉并慢慢放松。

④ 取下静铁芯缓冲绝缘纸片及静铁芯。

⑤ 取下静铁芯支架及弹簧。

⑥ 拔出线圈接线端的弹簧夹片，取下线圈。

⑦ 取下反作用弹簧。

⑧ 取下衔铁和支架。

⑨ 从支架上取下动铁芯定位销。

⑩ 取下动铁芯和绝缘纸片。

装配步骤　按拆卸的逆顺序进行装配。

(3) 接触器检修内容

① 检查灭弧罩有无破裂或烧损，清除灭弧罩内的金属飞溅物和颗粒。

② 检查触头的磨损程度，磨损严重时应更换触头。

③ 清除铁芯端面的油垢，检查铁芯有无变形，端面接触是否平整。

④ 检查触头压力弹簧及反作用弹簧是否变形或弹力不足。如有需要，则更换弹簧。

⑤ 检查电磁线圈是否短路、断路及发热变色现象。

(4) 接触器的参数测试

① 按照图 1-20 连接测试电路，选择电流表、电压表量程并调零，将调压变压器输出置于零位。

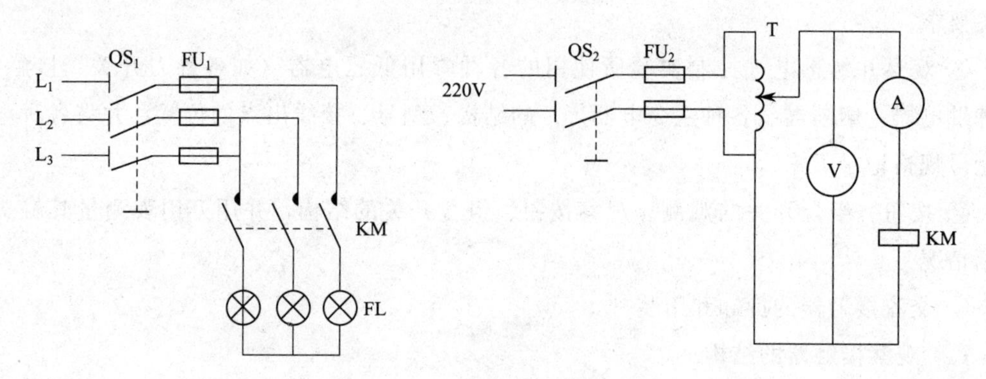

图 1-20 接触器测试电路图

② 吸合电压测试。均匀调节调压器，使电压上升到接触器铁芯吸合为止，此时电压表的指示值即为接触器的动作电压值（小于或等于 85%吸引线圈的额定电压），并记录该电压值。

③ 校验动作的可靠性。保持吸合电源值，做两次冲击合闸试验，进行校验。

④ 释放电压测试。均匀地降低调压变压器的输出电压直至衔铁分离，此时电压表的指示值即为接触器的释放电压（应大于 50%吸引线圈的额定电压），并记录该电压值。

⑤ 主触头接触测试。将调压变压器的输出电压调至接触器线圈的额定电压，观察衔铁有无振动和噪声，从指示灯的明暗可判断主触头的接触情况。

拆装和装配一只交流接触器，将拆装的主要步骤、主要的技术数据和主要零部件的名称、作用记入表 1-1 中。

表 1-1 交流接触器的拆装和测量记录

	参 数	单位	主要零部件		拆、装主要步骤
主要技术数据	额定电压	V	名称	作用	
	额定电流	A			
	线圈电压	V			

(5) 热继电器的拆装

打开热继电器的后盖，观察热继电器的内部结构，将其主要零部件的名称、作用和主要技术数据记入表 1-2 中

测量各热元件的电阻，并记入表 1-2 中。

表 1-2　热继电器的拆装及热元件电阻测量记录

<table>
<tr><td rowspan="4">主要
技术
数据</td><td rowspan="2">参数</td><td rowspan="2">单位</td><td colspan="2">主要零部件</td></tr>
<tr><td>名称</td><td>作用</td></tr>
<tr><td>额定电流</td><td>A</td><td></td><td></td></tr>
<tr><td>热元件
额定电流</td><td>A</td><td></td><td></td></tr>
<tr><td rowspan="3">热元件
电阻值</td><td>L_1</td><td>Ω</td><td></td><td></td></tr>
<tr><td>L_2</td><td>Ω</td><td></td><td></td></tr>
<tr><td>L_3</td><td>Ω</td><td></td><td></td></tr>
</table>

4. 思考题

① 试述组合开关的用途、主要结构和使用注意事项。

② 交流接触器由哪几大部分组成？试述各部分的基本结构及作用。

③ 简述热继电器的主要结构和工作原理。

四、拓展知识

1. 低压断路器

低压断路器又称为自动空气断路器或自动开关，当电路发生严重过载、短路以及欠压、失压等故障时，能自动分断故障电路，起到保护接在其后的电气设备的作用。在正常情况下，也可用于不频繁地接通和分断电路，以及控制和保护电动机。低压断路器是一种既有手动开关作用又有自动进行欠压、失压、过载和短路保护的电器。低压断路器主要由触点、操作机构、灭弧系统和脱扣器等组成。低压断路器的外形如图 1-21 所示，图 1-22 为低压断路器的原理图，图 1-23 为低压断路器的符号。

低压断路器的主触头是由操作机构手动或电动合闸。图 1-22 所示的低压断路器处于闭合状态，主触点串在被保护的三相主电路中。当电路正常运行时，电磁脱扣器的电磁线圈虽然串接在电路中，但所产生的电磁吸力不能使衔铁动作，当电路发生短路故障时，电路中的电流达到了动作电流，则衔铁被迅速吸合，撞击杠杆，使锁扣脱扣，主触点在弹簧的作用下迅速分断，从而将主电路断开，起到短路保护作用。当电源电压正常时，欠压脱扣器的电磁吸力大于弹簧的拉力，将衔铁吸合，主触电处于闭合状态；当电源电压下降到额定电压的 40％～50％或以下时，并联在主电路的欠电压脱扣器的电磁吸力小于弹簧的拉力，衔铁释放，撞击杠杆，使锁扣顶开，从而使主触点在弹簧的拉力作用下分断，断开主电路，起到失压和欠压保护。当线路发生过载时，过载电流使双金属片受热弯曲，撞击杠杆，使锁扣脱扣，主触点在弹簧的拉力作用下分断，从而断开主电路，起到过载保护作用。

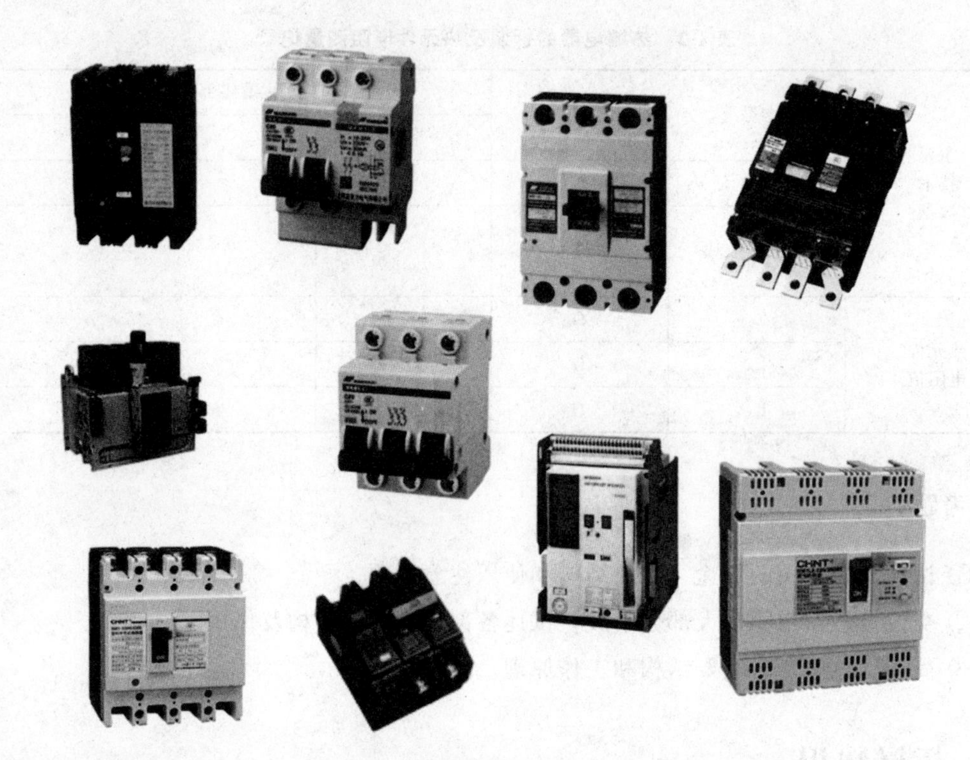

图 1-21 低压断路器的外形图

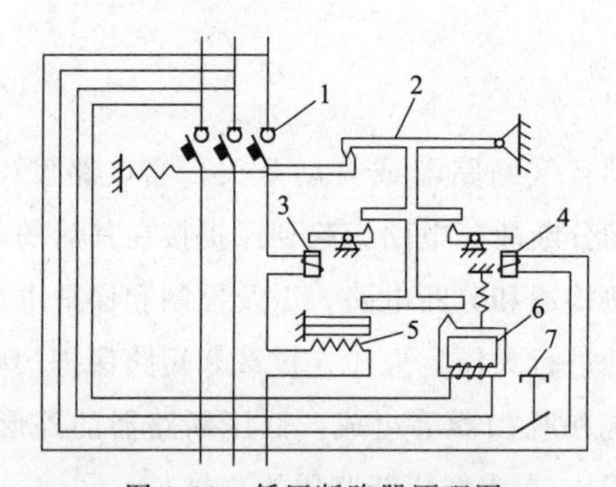

图 1-22 低压断路器原理图

1—主触头；2—自由脱扣器；3—过电流脱扣器；
4—分励脱扣器；5—热脱扣器；6—失压脱扣器；7—按钮

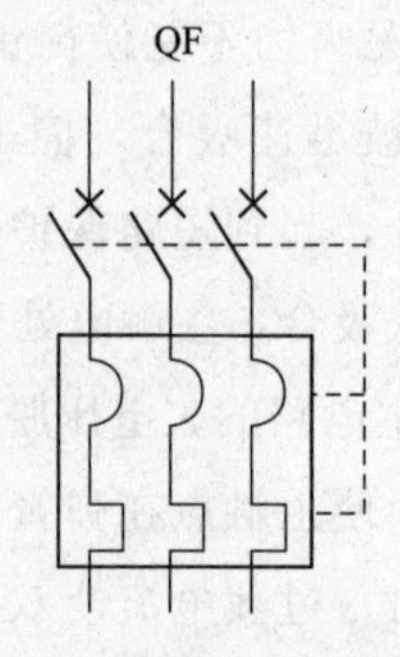

图 1-23 低压断路器的符号

使用时应注意，当电路发生故障、低压断路器自动跳闸时，必须先检查电路、排除故障后，并将手柄往后拉，使再扣板与传动机构的挂钩挂上，然后再把扳把手柄往上推到“合”位置，电路才能接通。

常用的低压断路器型号有DZ15、DZ20、DZ5、DZ10、DZX10、DZX19等系列。低压断路器的主要技术参数有额定电压、额定电流、极数、脱扣器类型、脱扣器额定电流、脱扣器整定电流、主触点与辅助触点的分断能力和动作时间等。

低压断路器的选用原则 低压断路器的额定电压和额定电流应不小于电路的额定电压和最大工作电流；热脱扣器的整定电流应与所控制的额定工作电流一致；欠电压脱扣器额定电压应等于线路额定电压；电磁脱扣器的瞬时脱扣整定电流应大于负荷电流正常工作时的最大电流。对于单台电动机，DZ系列自动开关电磁脱扣器的瞬时脱扣整定电流 $I_z \geqslant (1.5 \sim 1.7) I_q$，其中 I_q 为电动机的启动电流。对于多台电动机，DZ系列自动开关电磁脱扣器的瞬时脱扣整定电流 $I_z \geqslant$ $(1.5 \sim 1.7)$(I_{qmax} + 其他电动机额定电流)，其中 I_{qmax} 为最大的一台电动机的启动电流。

2. 漏电保护自动开关

漏电保护自动开关又称为漏电自动开关或漏电断路器，它用于低压交流电流中的配电、电动机过载、短路保护和漏电保护等。漏电保护自动开关主要由三部分组成：低压断路器、零序电流互感器和漏电脱扣器。实际上，漏电保护自动开关就是在一般的自动空气开关的基础上增加了零序电流互感器和漏电脱扣器来检测漏电情况，因此，当人身触电或设备漏电时能够迅速切断故障电路，避免发生人身和设备受到危害。常用的漏电保护自动开关有电磁式和电子式两大类。电磁式漏电保护自动开关又分为电压型和电流型。电流型的漏电保护自动开关比电压型的性能较为优越，所以目前使用的大多数漏电保护自动开关为电流型的。下面介绍电磁式电流型的漏电保护自动开关。电磁式电流型的漏电保护自动开关的主要参数有额定电压、额定电流、极数、额定漏电动作电流、额定漏电不动作电流以及漏电脱扣器动作时间等。根据其保护的线路又可分为三相和单相漏电保护自动开关。

(1) 三相漏电保护自动开关

图1-24所示为电磁式电流型的三相漏电保护自动开关的原理图。电路中的三相电源线穿过零序电流互感器的环形铁芯，零序电流互感器的输出端与漏电脱扣器相连接，漏电脱扣器的衔铁被永久磁铁吸住，拉紧了释放弹簧。当电路正常时，三相电流的相量和为零，零序电流互感器的输出端无输出，漏电保护自动开关处于闭合状态。当有人触电或设备漏电时，漏电电流或触电电流从大地流回变压器的中性点，此时，三相电流的相量和不为零，零序电流互感器的输出端有感应电流 I_s 输出，当 I_s 足够大时，该感应电流使得漏电脱扣器产生的电磁吸力，抵消掉永久磁场所产生的对衔铁的电磁吸力，漏电脱扣器释放弹簧的反力就会将衔铁释放，漏电闭合自动开关触点动

作，切断电路，使触电的人或漏电的设备与电源脱离，起到漏电保护的作用。三相漏电保护自动开关主要用于动力线路或照明线路上。常用的漏电保护自动开关有DZ15L、DZ10L等系列。

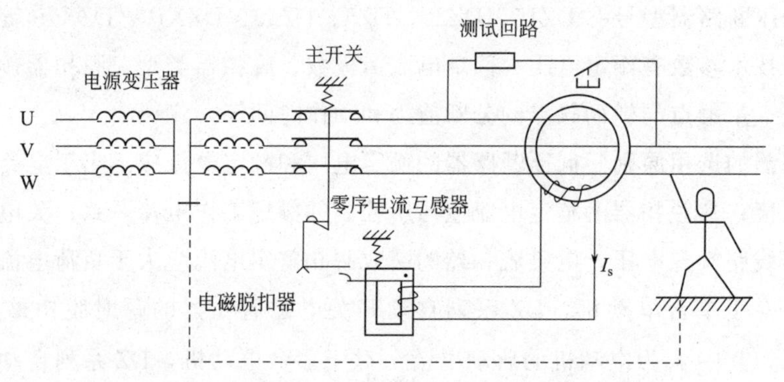

图 1-24 电磁式电流型的漏电保护自动开关原理图

（2）单相漏电保护自动开关

对于单相电路的漏电保护自动开关，其保护原理类似于三相漏电保护自动开关。不同的是，单相漏电保护自动开关穿过零序电流互感器的导线是相线和中线。当线路正常时，相线和中线电流的相量和为零，因此零序电流互感器的铁芯中的磁通也为零，互感器的二次回路无输出，漏电保护自动开关的触电处于闭合状态；而当出现人身触电或设备漏电时，相线和中线的相量和不为零，互感器的二次侧有输出，如该输出电流大于漏电脱扣器的动作电流，则漏电脱扣器动作，使漏电保护自动开关的触点断开，从而切断电路，保护人身和设备的安全。单相漏电保护自动开关一般用于学校、办公室、家庭等单相用电线路上，其额定电压为交流220V，额定电流为15～16A或32A左右，额定动作电流为30mA，漏电脱扣器动作时间小于0.1s。

（3）漏电保护自动开关的选用原则

漏电保护开关的额定电压应与电路的工作电压相适应。漏电保护开关的额定电流必须大于电路的最大工作电流。漏电动作电流和动作时间应按分级保护原则和线路泄漏电流的大小来选择。分级保护的原则是：第一级干线保护，是以消除事故隐患为目标的保护，主要是以消除用电设备外壳带电及单相接地故障，漏电保护自动开关的漏电动作电流应小于线路单相接地故障电流（一般单相接地故障为200mA以上），因此干线保护的漏电保护动作电流可选择在60～120mA之间；第二级是线路末端线路或设备保护，以防止触电为主要目标，动作电流应小于人体安全电流，通常取漏电动作电流在30mA以下，漏电动作时间（从漏电发生到开关动作完成的全程时间）小于0.1s的漏电保护开关。同时，任何供电线路和电气设备都有一定的泄漏电流，因此漏电开关的漏电动作电流应考虑大于线路的正常泄漏电流。例如，工厂线路及用电设备可选漏电动作电流为75mA、漏电不动作电流40mA、漏电全程时间≤0.1s的漏电保护自动开关。

任务二　三相异步电动机点动/长动/正反转控制电路的分析与安装

一、任务描述

在工业、农业、交通运输等行业中，广泛使用着各种生产机械，它们大都以电动机作为动力来进行拖动。电动机是通过某种自动控制方式来进行控制的，最常见的是继电器-接触器控制方式，又称电气控制。

电气控制线路是把各种有触点的接触器、继电器、按钮、行程开关等电气元件，用导线按一定方式连接起来组成的控制线路，实现对电力拖动系统的启动、调速、反转和制动等运行性能的控制以及对拖动系统的保护，满足生产工艺要求，实现生产过程自动化。

由于生产设备和加工工艺不同，所要求的控制线路也多种多样，千差万别。但是，无论哪一种控制线路，都是由一些比较简单的基本控制环节组合而成的，因此，只要对控制线路进行基本环节以及对典型线路进行剖析，由易到难地加以认识，再结合具体的生产工艺要求，就不难掌握电气控制线路的分析阅读方法和设计方法。通过本任务的学习，要学会绘制控制电路图，掌握阅读电气图纸的方法，学会接线、安装和调试方法，掌握电气控制线路的接线方法与工艺，理解接触器的自锁作用，理解电动机点动与长动控制、正反转控制、两地控制等的实现方法及点动复合按钮的使用方法。

二、相关知识

为了便于对控制系统进行设计、分析研究、安装调试、使用维护以及技术交流，需要将控制系统中的各电气元件及其相互连接关系用一个统一的标准来表达，这个统一的标准就是国家标准和国际标准，我国相关的国家标准已经与国际标准统一。用标准符号按照标准规定的方法表示的电气控制系统的控制关系，就称为电气控制系统图。

电气控制系统图包括电气系统图和框图、电气原理图、电气元件布置图、电气接线图等形式，参阅图 1-25。各种图都有其不同的用途和规定的表达方式。电气系统图主要用于表达系统的层次关系，系统内各子系统或功能部件的相互关系，以及系统与外界的联系。

电气原理图主要用于表达系统控制原理、参数、功能及逻辑关系，是最详细表达控制规律和参数的工程图。电气接线图主要用于表达各电气元件在设备中的具体位置、分布情况，以及连接导线的走向。对于一般的机电装备而言，电气原理图是必需的，而其余两种图则根据需要绘制。绘制电气接线图，则需要首先绘制电器位置图，在实际应用中电气接线图一般与电气原理图和电器位置图一起使用。

国家标准局参照国际电工委员会（IEC）颁布的标准，制定了我国电气设备有关国家标准。有关的国家标准有 GB4728—1996～2000《电气图用图形符号》、GB6988—1997《电气制图》和 GB5094—2004《电气技术中的项目代号》。

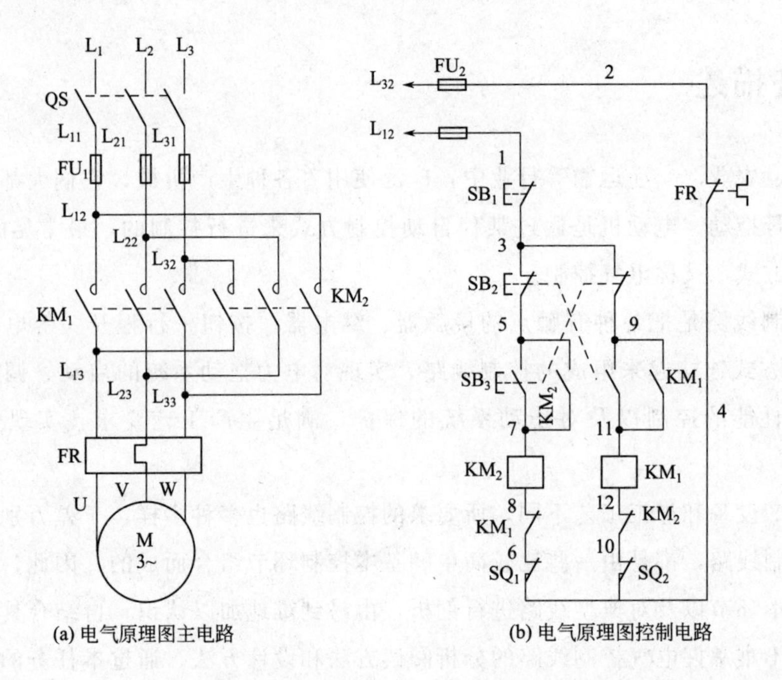

(a) 电气原理图主电路　　(b) 电气原理图控制电路

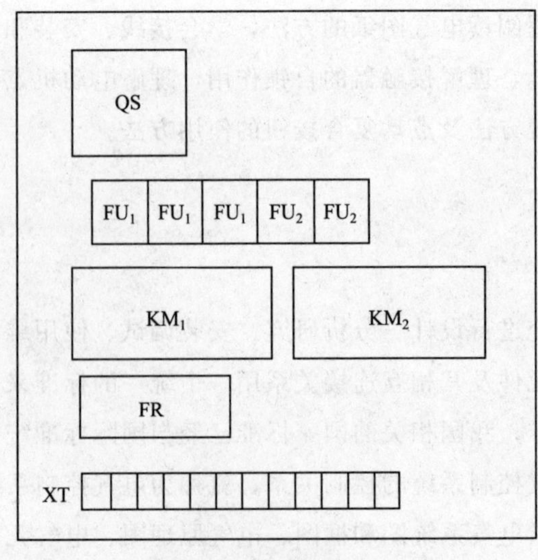

(c) 电气元件布置图

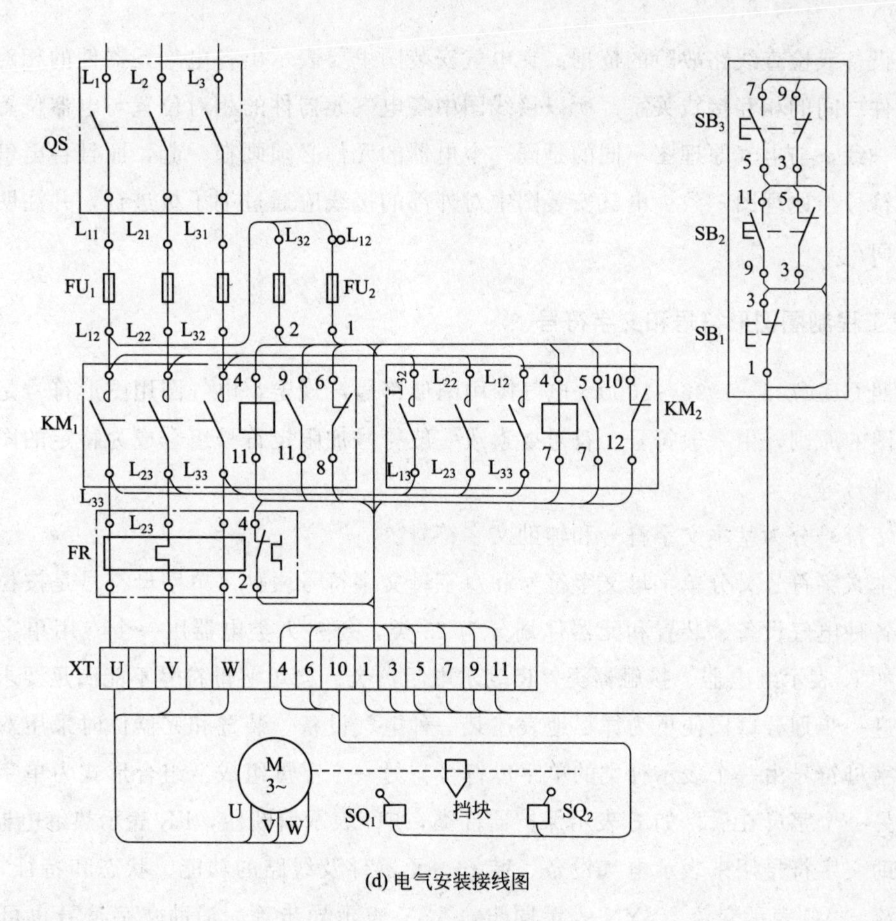

(d) 电气安装接线图

图 1-25 电气控制系统图

1. 电气原理图

电气原理图是指表示该设备电气工作原理的图样，所以反映的是用图形符号和项目代号表示的电路中各电气元件之间连接关系的图形。电气原理图一般绘制原则是指电器未通电时的状态，机械开关置于循环开始前的状态；图形上主电路、控制电路和信号电路可以分开绘出；图形中动力部分的电源电路绘成水平线，受电的动力装置（如电动机）及其保护电器支路一般应垂直电源电路画出。原理图应将其图幅分区，并标明该区电路的用途与作用。在继电器、接触器线圈下方可列有触点表以说明线圈和触点的从属关系。

2. 电气元件布置图

电气元件布置图是表示电气控制系统中各电气元件的实际安装位置的图样。在图中应详细绘制出电气设备零件安装位置，图中各电器代号应与电气原理图、安装接线图及电气元件明细表中代号相同。在位置图中应为以后修改留有余地，一般留有10%的备用面积及导管线（槽）的位置。图中一般不需要注明尺寸。

3. 电气安装接线图

电气安装接线图是按电气原理图及各电气元件安装的位置来绘制的。电气接线图是安装电气设备或检查线路故障的依据。在电气安装图里要表示出各电气元器件的相对位置及各元器件之间的相互接线关系。所以接线图中各电气元器件的相对位置与电器位置图中的位置应一致，与电气原理图不同的是同一个电器的元件必须画在一起，而且各电气元器件的文字符号与原理图一致。电气安装图中对外部的接线应通过端子板进行，并注明外部接线的去向。

4. 电气工程制图图形符号和文字符号

按照 GB 4728—1996～2000《电气图用图形符号》规定，电气图用图形符号是按照功能组合图的原则，由一般符号、符号要素或一般符号加限定符号组合成为特定的图形符号及方框符号等。

文字符号分为基本文字符号和辅助文字符号。

基本文字符号又分单字母文字符号和双字母文字符号两种。单字母符号是按拉丁字母顺序将各种电气设备、装置和元器件划分为 23 类，每一大类电器用一个专用单字母符号表示，如 K 表示继电器、接触器类，R 表示电阻器类。当单字母符号不能满足要求而需要将大类进一步划分，以便更为详尽地表述某一种电气设备、装置和元器件时采用双字母符号。双字母符号由一个表示种类的单字母符号与另一个字母组成，组合形式为单字母符号在前，另一个字母在后，如 F 表示保护器件类，FU 表示熔断器，FR 表示热继电器。

辅助文字符号用来表示电气设备、装置、元器件及线路的功能、状态和特征，如 DC 表示直流，AC 表示交流，SYN 表示同步，ASY 表示异步等。辅助文字符号也可放在表示类别的单字母符号后面组成双字母符号，如 KT 表示时间继电器，YB 表示电磁制动器等。为简化文字符号起见，当辅助文字符号由两个或两个以上字母组成时，可以只采用第一位字母进行组合，如 MS 表示同步电动机。辅助文字符号也可单独使用，如 ON 表示接通，N 表示中性线等。

5. 电气原理图的绘制原则

电气原理图就是详细表示电路、设备或装置的全部基本组成部分和连接关系的工程图，主要用于详细表达电路、设备或装置及其组成部分的作用原理，为测试和故障诊断提供信息，为编制接线图提供依据。

根据简单清晰的原则，电气原理（电路）图采用电气元件展开的形式绘制。它包括所有电气元件的导电部件和接线端点，但并不按照电气元件的实际位置来绘制，也不反映电气元件的大小。

绘制电路图时一般要遵循以下基本规则。

① 电路图一般包含主电路和控制、信号电路两部分。为了区别主电路与控制电路，在绘制电路图时主电路（电机、电器及连接线等）用粗线表示，而控制、信号电路（电器及连接线等）用细线表示。通常习惯将主电路放在电路图的左边（或上部），而将控制电

路放在右边（或下部）。

② 主电路（动力电路）中电源电路绘水平线；受电的动力设备（如电动机等）及其他保护电器支路，应垂直于电源电路绘制。

③ 控制和信号电路应垂直地绘于两条水平电源线之间，耗能元件（如接触器线圈、电磁铁线圈，信号灯等）应直接连接在接地或下方的水平电源线上，各种控制触头连接在上方水平线与耗能元件之间。

④ 在电路图中各个电器并不按照它实际的布置情况绘制，而是采用同一电器的各部件分别绘在它们完成作用的地方。

⑤ 无论主电路还是控制电路，各元件一般按照动作顺序自上而下、从左到右依次排列。

⑥ 为区别控制线路中各电器的类型和作用，每个电器及它们的部件用规定的图形符号表示，且每个电器有一个文字符号，属于同一个电器的各个部件（如接触器的线圈和触头）都用同一个文字符号表示，而作用相同的电器用规定的文字符号加数字序号表示。

⑦ 因为各个电器在不同的工作阶段分别做不同的动作，触点时闭时开，而在电路图内只能表示一种情况。因此，规定所有电器的触点均表示成在（线圈）没有通电或机械外力作用时的位置。对于接触器和电磁式继电器，为电磁铁未吸合的位置；对于行程开关、按钮等，则为未压合的位置。

⑧ 在电路图中两条以上导线的电气连接处要画一圆点，且每个接点要标一个编号，编号的原则是：靠近左边电源线的用单数标注，靠近右边电源线的用双数标注，通常都是以电器的线圈或电阻作为单、双数的分界线，故电器的线圈或电阻应尽量放在各行的一边（左边或右边）。

⑨ 对具有循环运动的机构，应给出工作循环图，万能转换开关和行程开关应绘出动作程序和动作位置。

⑩ 电路图应标出下列数据或说明：各电源电路的电压值、极性或频率及相数；某些元器件的特性（如电阻、电容器的参数值等）；不常用的电器（如位置传感器、电磁阀门、定时器等）的操作方法和功能。

图 1-26 所示是根据上述原则绘制的某机床控制电路图。为了便于检索电路，方便阅读，可以在各种幅面的图纸上进行分区。按照规定，分区数应该是偶数，每一分区的长度一般不小于 25 mm，不大于 75mm；每个分区内竖边方向用大写拉丁字母，横边方向用阿拉伯数字分别编号；编号的顺序应从标题栏相对的左上角开始，编号写在图纸的边框内；在编号下方和图面的上方设有功能、用途栏，用于注明该区域电路的功能和作用。

由于像接触器、继电器这样的电器，其线圈和触点在电路中根据需要绘制在不同的地方，为了便于读图，在接触器、继电器线圈的下方绘出其触点的索引表，如图 1-25 所示。对于接触器，其中左边一列为主触点所在的区域，中间为辅助常开触点所在的区域，右边一列为辅助常闭触点所在的区域。对于继电器，其中左边一列为常开触点所在的区域，右边一列为常闭触点所在的区域。

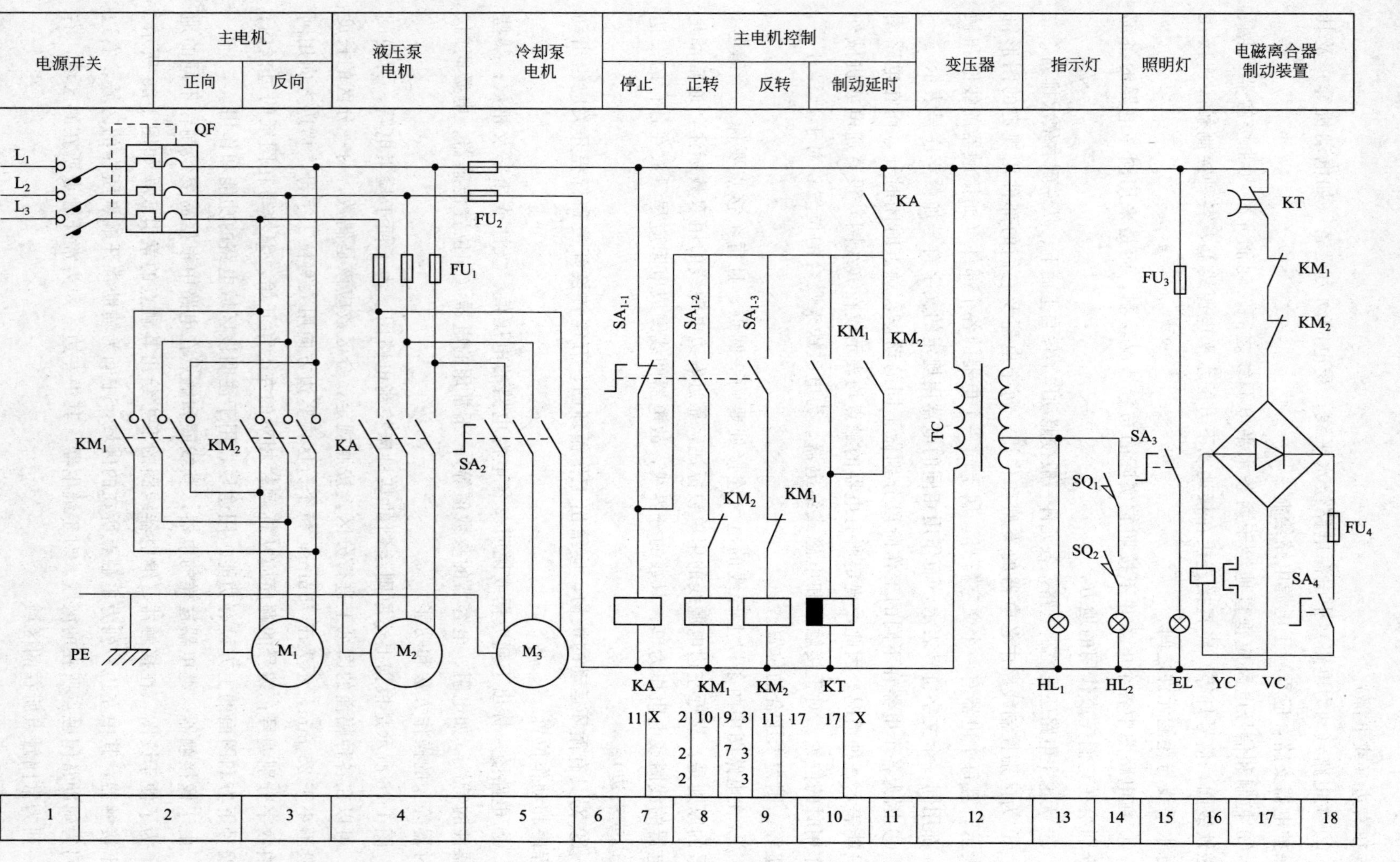

图 1-26 CM6132 普通车床电器控制线路原理图

三、任务实施

(一) 三相异步电动机点动和自锁控制线路

1. 实验目的

① 通过实验熟悉试验台布置、电源控制屏的使用。

② 通过对三相异步电动机点动控制和自锁控制线路的实际安装接线，掌握由电气原理图变换成安装接线图的知识。

③ 通过实验进一步加深理解点动控制和自锁控制的特点。

2. 选用组件

① 编号为 DJ24 的三相笼型异步电动机，$U_N=220$V（△接法）。

② 编号为 D61 的继电接触控制（一）挂箱。

③ 编号为 D63 的继电接触控制（二）挂箱。

可以不选 D63 挂箱，图中的 Q_1 和 FU 用控制屏上的接触器和熔断器代替，学生可以从 U、V、W 端开始接线。

3. 实验线路图

见图 1-27、图 1-28。

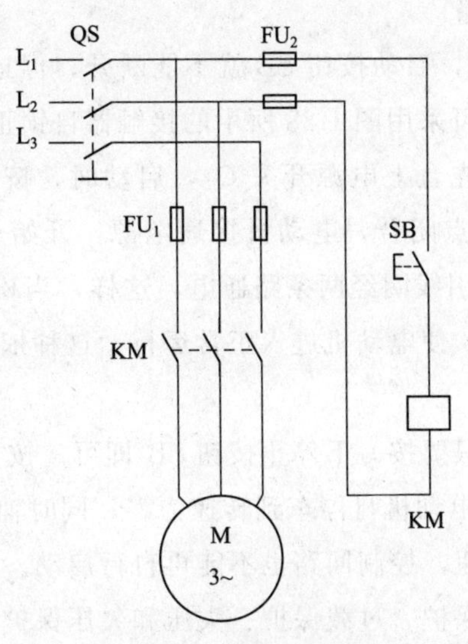

图 1-27　点动控制电路

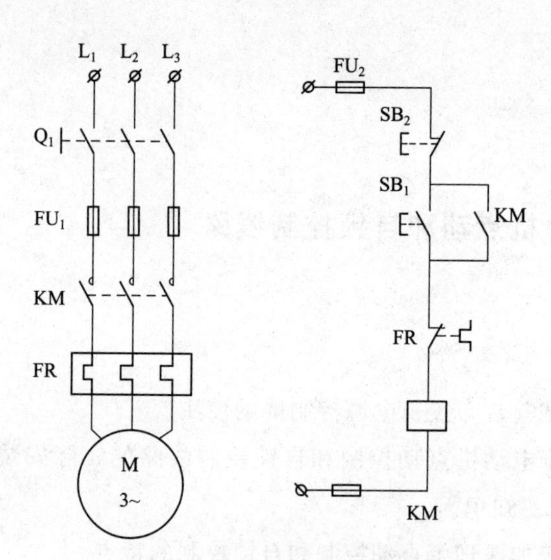

图 1-28　自锁正转控制线路

4. 实验原理

三相异步电动机全压启动，就是启动时加在电动机定子绕组上的电压为额定电压，也称直接启动。

(1) 三相异步电动机点动控制线路

点动控制线路是用按钮、接触器来控制电动机运转的最简单的控制线路，如图 1-27 所示。启动时，按下启动按钮 SB，接触器 KM 线圈得电，KM 主触头闭合，电动机 M 启动运行。停止时，松开按钮 SB，接触器 KM 线圈失电，KM 主触头断开，电动机 M 失电停转。停止使用时，要断开电源开关 QS。

(2) 电动机长动控制线路

要使电动机 M 连续运行，启动按钮 SB 就不能断开，但这是不符合生产实际要求的。为实现电动机的连续运行，可采用图 1-28 所示的接触器自锁正转控制线路。

线路的工作原理如下：先合上电源开关 Q_1，启动时，按下按钮 SB_1，则 KM 线圈有电，接触器 KM 吸合，主触点闭合，电动机接通电源，开始全压启动，同时 KM 的辅助常开触点也闭合，使 KM 吸引线圈经两条路通电，这样，当松手 SB_1 复位跳开时，KM 线圈照样通电，处于吸合状态，使电动机进入正常运行。这种依靠接触器自身的触点保持通电的现象称为自锁。

要使电动机停止运转，只要按一下停止按钮 SB_2 即可。按下 SB_2，线圈 KM 断电释放，则 KM 的主触点断开电源，电动机自停车到转速为零，同时辅助常开触点也断开，控制回路解除自锁，所以手松开按钮，控制回路也不能再自行启动。

电路的保护环节有短路保护、过载保护、失压和欠压保护。

① 短路保护　熔断器 FU_1 是作为主电路短路保护用的，但达不到过载保护的目的。这是因为熔断器的规格是根据电动机的启动电流大小做适当选择的，另一方面熔断器的保

护特性分散性很大，即使是同一种规格的熔断器，其特性曲线也往往很不相同。

② 过载保护　热继电器 FR 是作为过载保护用的。由于继电器热惯性很大，即使热元件流过几倍的额定电流，热继电器也不会立即动作，因此在电动机启动时间不长的情况下，热继电器是不会动作的。只有过载时间比较长，热继电器动作，常闭触点 FR 断开，接触器 KM 线圈失电跳闸，主触点 KM 断开主电路，电动机停止运转，实现了电动机的过载保护。

③ 欠压保护和失压保护　依靠接触器本身实现。当电源电压低到一定程度或失电，接触器 KM 就会释放，主触点把主电源断开，电动机停止运转。这时如果电源恢复，由于控制电路失去自保，电动机不会自行启动。只有操作人员再次按下启动按钮 SB_1，电动机才会重新启动，又叫做零压保护。

欠压保护可以避免电机在低压下运行损坏电机。零压保护一方面可以避免电动机同时启动而造成电源电压严重下降，另一方面防止电动机自行再启动运转而可能造成的设备和人身事故。

5. 实验步骤

① 实验前要检查控制屏左侧端面上的调压器旋钮须在零位，即将它向逆时针方向旋转到底。控制屏下面的"直流电机电源"的"电枢电源"开关及"励磁电源"开关须在"关"断位置。各个电源输出端没有连接负载。开启控制屏上的"电源总开关"，按下"开"按钮，向顺时针方向旋转控制屏左侧端面上的调压器旋钮，将三相交流电源输出端 U、V、W 的线电压调到 220V，以后保持不变。

② 按下控制屏上的"关"按钮以切断三相交流电源，然后开始接线。

上述①与②步骤是每个实验开始必经步骤。

先按图 1-27 所示点动控制线路进行安装接线。接线时注意两点：第一，先接主电路，从 220V 三相交流电源的输出端 U、V、W 开始，经三刀开关 Q_1、熔断器 FU、接触器 KM_1 的主触头、热继电器 FR 的热元件到电动机 M 的 3 个线端 L_1、L_2、L_3，用导线按顺序串联起来，有三路；第二，连完主电路，再连接控制电路。连接控制电路时，先连串联部分，最后连并联的元件。

接好线路，经老师检查无误，方可按下控制屏上的"开"按钮，按下列步骤进行通电实验。

a. 合上 D63 挂箱上的开关 Q_1，接通三相交流 220V 电源。

b. 按下 D61 挂箱上的启动按钮 SB_1，对电动机 M 进行点动操作，并比较按下 SB_1 与松开 SB_1 时电动机 M 的运转情况。

③ 按下控制屏上的"关"按钮以切断三相交流电源，按实验图 1-28 所示的自锁线路进行接线。经老师检查后，可按下控制屏上的"开"按钮，按下列步骤进行通电实验。

a. 合上开关 Q_1，接通三相交流 220V 电源。

b. 按下启动按钮 SB_1，松手后观察电动机 M 是否继续运转。

c. 按下停止按钮 SB_1，松手后观察电动机 M 是否停止运转。

(二) 三相异步电动机正反转控制线路

1. 实验目的

① 通过对三相异步电动机正反转控制线路的安装接线，掌握由电路原理图接成实际操作电路的方法。

② 掌握三相异步电动机正反转的原理和方法。

③ 掌握接触器联锁正反转控制和按钮联锁正反转控制的不同接法，并熟悉在操作过程中有哪些不同之处。

2. 实验选用组件

① 编号为 DJ24 的三相笼型电动机，U_N＝220V（△接法）。

② 编号为 D61 的继电接触控制（一）挂箱。

③ 编号为 D63 的继电接触控制（三）挂箱。

3. 实验电路图

实验电路图如图 1-29 至图 1-31 所示。

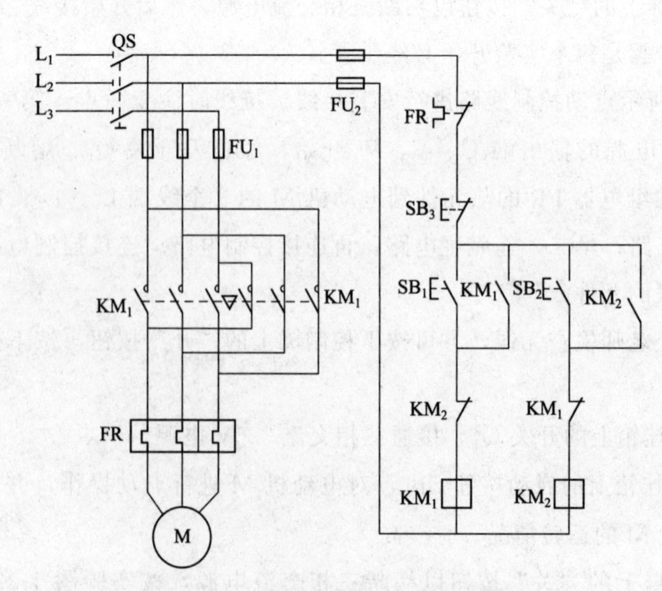

图 1-29 接触器联锁的正反转控制

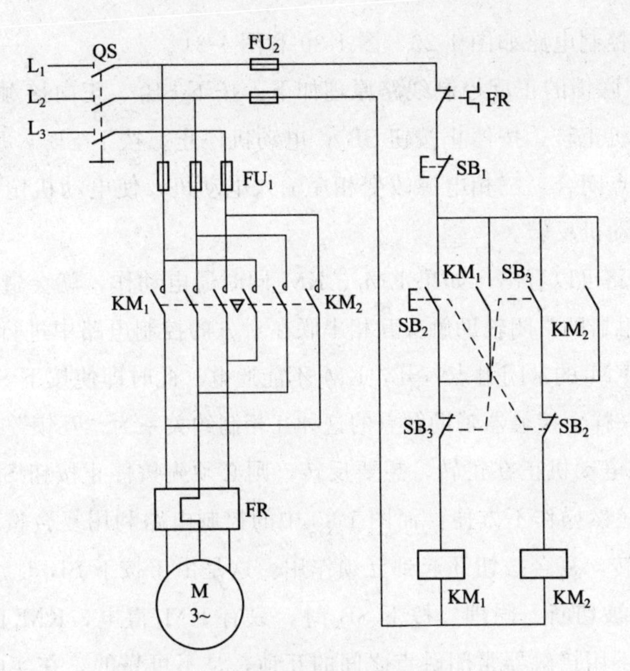

图 1-30　按钮互锁的正反转控制线路

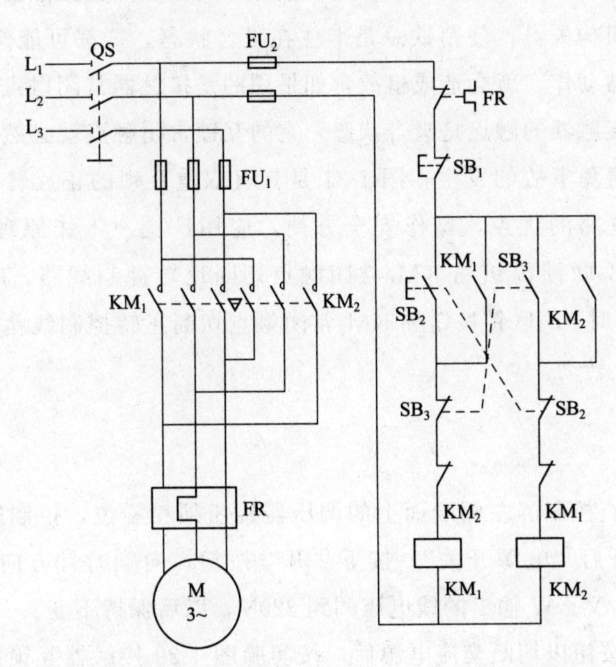

图 1-31　接触器和按钮双重联锁的正反转控制线路

4. 实验原理

有的生产机械往往要求实现正反两个方向的运动，例如主轴的正反转和起重机的升降等，这就要求电动机可以正反转。由电工学可知，若将接至交流电动机的三相电源进线中任意两相接线对调，即可进行反转。

常见的正反转控制电路如图 1-29、图 1-30 和图 1-31。

图 1-29 接触器联锁的正反控制线路原理如下：按下 SB_1，正向接触器 KM_1 得电动作，主触点闭合，电动机正转，按停止按钮 SB_2，电动机停止。按下 SB_2，反向接触器 KM_2 得电动作，其主触头点闭合，三相电源改变相序输入电动机，使电动机定子绕组与正转时相比相序反了，则电动机反转。

从图 1-29 主电路可以看出，如果 KM_1、KM_2 同时通电动作，就会造成主电路短路。因此控制电路中把接触器的常闭辅助触头互相串联在对方的控制电路中进行互锁控制，这样在 KM_1 得电时，由于 KM_1 的常闭触点打开，KM_2 不能通电。此时即使按下 SB_2 按钮，也不会造成短路，反之也是一样。接触器辅助触点的这种互相制约关系为“互锁”或“联锁”。

图 1-29 中如果电动机正在正转，想要反转，则必须先按停止按钮 SB_3 后，再按反向按钮 SB_2 才能实现。显然操作不方便。而图 1-30 中的控制电路利用复合按钮 SB_1/SB_2 可直接实现由正转变成反转，复合按钮还起到互锁作用。这是由于按下 SB_1 时，只有 KM_1 得电动作，同时 KM_2 回路被切断。同理，按下 SB_2 时，只有 KM_2 得电，KM_1 回路被切断。但只有按钮进行互锁而不用接触器常闭触点之间的互锁，是不可靠的。在实际中可能出现这样的情况，由于负载短路或大电流的长期作用，接触器的主触点被强烈的电弧“烧焊”在一起，或者接触器的机构失灵，使衔铁总是卡住在吸合状态，这都可能使主触头必能断开，这时如果另一接触器动作，就会造成事故，如果用的是接触器常闭触点进行互锁，不论什么原因，只要一个接触器的触点是吸合状态，它的互锁常闭触点就必然将另一接触器线圈电路切断，这就能避免事故的发生。图 1-31 是具有双重互锁的正反转控制电路，结合了图 1-29 与图 1-30 电路的优点，操作安全方便，应用广泛。工作原理如下：按下 SB_1，KM_1 得电，同时 SB_1 联锁按钮和 KM_1 常闭触点切断反转控制线路，电动机正转；按下 SB_2，KM_2 得电，同时 SB_2 联锁按钮和 KM_2 常闭触点切断正转控制线路，电动机反转，按下 SB_3，电动机停止转动。

5. 实验步骤

① 接线前要检查控制屏左侧端面上的调压器旋钮须在零位，控制屏上各电路开关须在断开位置，此时开启“电源开关”，按下“开”按钮，向顺时针方向旋转调压器旋钮，将三相调压电源 U、V、W 输出的线电压调到 220V，以后保持不变。

② 按下“关”按钮以切断交流电源后，按实验图 1-29 接触器互锁控制线路接线，经老师检查无误后，方可按下“开”按钮，按下列实验步骤进行通电操作。

a. 合上电源开关 QS，接通三相交流 220V 电源。

b. 按下按钮 SB_1，观察并记录电动机 M 的转向，以及自锁和联锁触头的吸断状态。

c. 按下 SB_2，观察并记录电动机 M 的转向、自锁和联锁触头的吸断状态。

d. 按下 SB_3，观察并记录电动机 M 的转向、自锁和联锁触头的吸断状态。

e. 再按下 SB_2，观察并记录电动机 M 的转向、自锁和联锁触头的吸断状态。

③ 按下“关”按钮以切断三相交流电源，按实验图 1-31 双重互锁控制线路接线，经老师检查无误后，方可按下“开”按钮，按下列实验步骤进行通电操作。

a. 合上开关 QS，接通 220V 交流电流。

b. 按下按钮 SB_1，观察并记录电动机 M 的转向、自锁和联锁触头的通电状态。

c. 按下按钮 SB_2，观察并记录电动机 M 的转向、自锁和联锁触头的通电状态。

d. 按下按钮 SB_3，观察并记录电动机 M 的转向，自锁和联锁触头的通电状态。

e. 同时按下 SB_1、SB_2，观察上述状态。

6. 思考题

① 在图 1-29 的实验中，自锁触头的功能是什么？联锁触头的功能是什么？

② 在图 1-31 的实验中使用了双重互锁，与图 1-29 实验相比，有什么特点？

四、拓展知识

1. 多地控制

能在两地或多地控制同一台电动机的控制方式叫电动机的多地控制。例如：人在电梯厢里时由里面控制，人未上电梯厢前在楼道上控制；有些场合，为了便于集中管理，由中央控制台进行控制，但每台设备调整检修时，又需要就地进行机旁控制等。图 1-32 所示就是实现两地控制的控制电路。其中，SB_1、SB_3 为安装在甲地的启动按钮和停止按钮，SB_2、SB_4 为安装在乙地的启动按钮和停止按钮。线路的特点是：启动按钮应并联接在一起，停止按钮应串联接在一起，这样就可以分别在甲、乙两地控制同一台电动机，达到操作方便的目的。对于三地或多地控制，只要将各地的启动按钮并联、停止按钮串联即可实现。

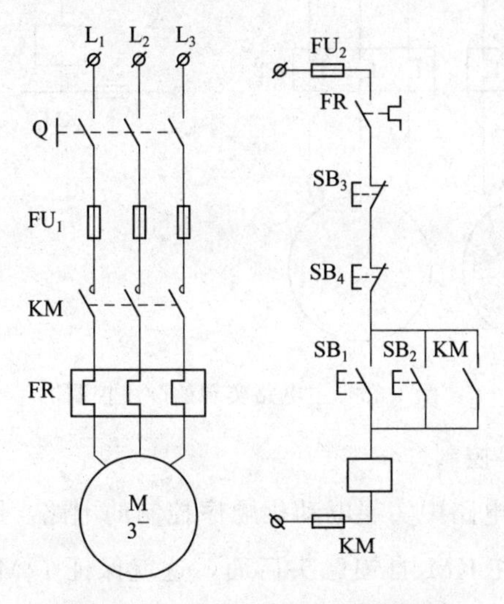

图 1-32　实现两地控制的控制电路

2. 顺序启动控制

生产实践中常要求各种运动部件之间能够实现按顺序工作。例如车床主轴转动时要求油泵先给齿轮箱供油润滑，即要求保证润滑泵电动机启动后主拖动电动机才允许启动，也就是控制对象对控制线路提出了按顺序工作的联锁要求。

（1）主电路实现的顺序控制

图 1-33 所示是将油泵电动机 M_1接触器 KM_1的常开辅助触点串入主拖动电动机 M_2接触器 KM_2的线圈电路中来实现的。M_2的主电路接在 KM1 主触头的下面。电动机 M_1和 M_2分别通过接触器 KM_1和 KM_2来控制，KM_2的主触头接在 KM_1主触头的下面，这就保证了当 KM_1主触头闭合，M_1启动后，M_2才能启动。线路的工作原理为：按下 SB_1，KM_1线圈得电吸合并自锁，M_1启动，然后按下 SB_2，KM_2才能吸合并自锁，M_2启动。停止时，按下 SB_3，KM_1、KM_2断电，M_1、M_2同时停转。

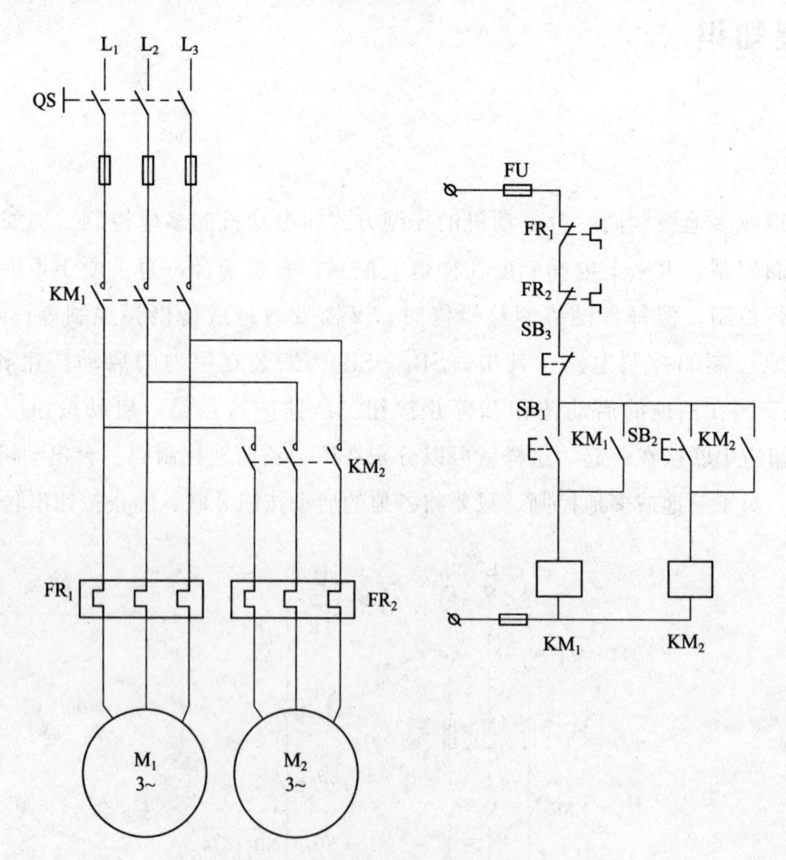

图 1-33 主电路实现的顺序控制

（2）控制电路实现顺序控制

图 1-34 为几种在控制电路中实现电动机顺序控制的电路。图 1-34（a）所示控制线路的特点是：KM_2的线圈接在 KM_1自锁触头后面，这就保证了 M_1启动后 M_2才能启动的顺序控制要求。图 1-34（b）所示控制电路的特点是在 KM_2的线圈回路中串接了 KM_1的常开

触头。显然，KM_1不吸合，即使按下 SB_2，KM_2也不能吸合，这就保证了只有 M_1电机启动后，M_2电机才能启动。停止按钮 SB_3控制两台电动机同时停止，停止按钮 SB_4控制 M_2电动机的单独停止。图 1-34（c）所示控制电路的特点是在图 1-34（b）中的 SB_3按钮两端并联了 KM_2的常开触头，从而实现了 M_1启动后，M_2才能启动，而 M_2停止后，M_1才能停止的控制要求，即 M_1、M_2是顺序启动，逆序停止。

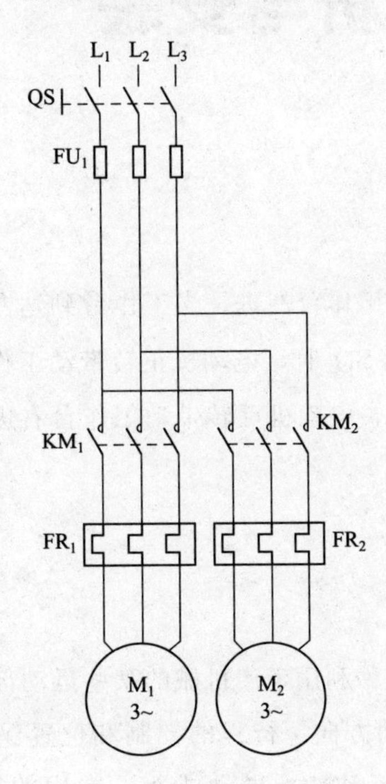

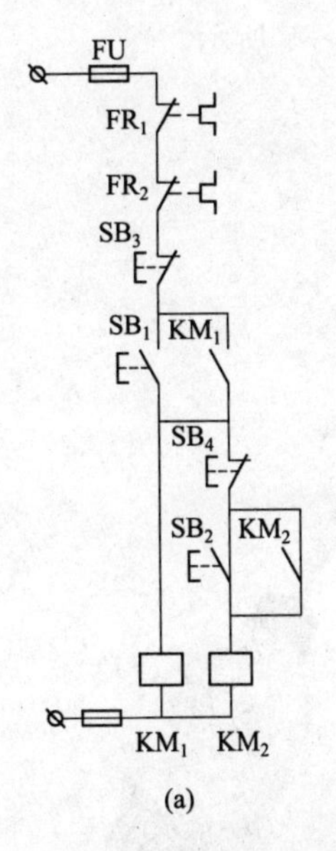

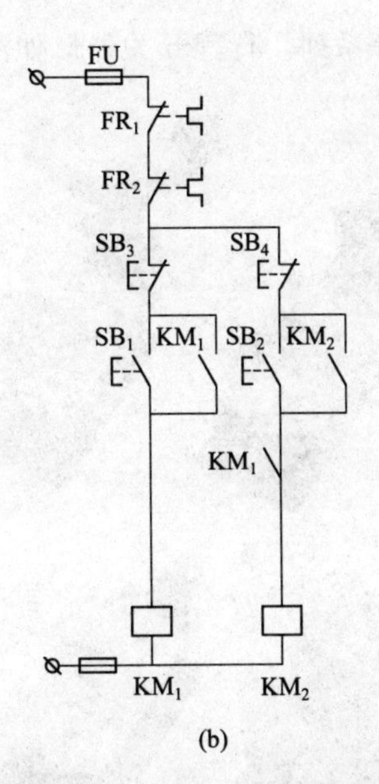

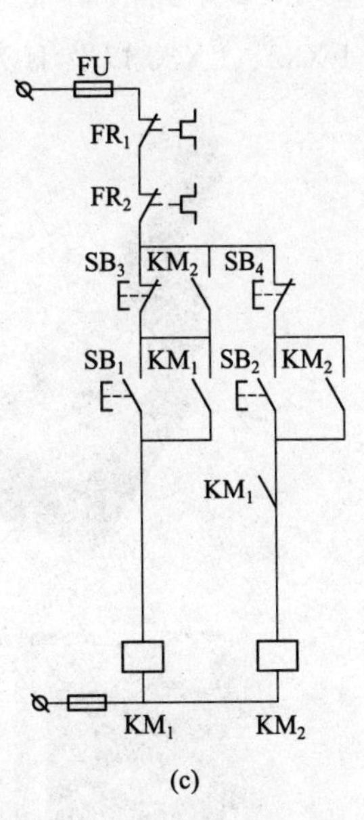

图 1-34　按顺序工作时的联锁控制

任务三 电动机自动往返控制电路的分析与安装

一、任务描述

按下按钮 SB_1，电动机正转带动工作台左进，当工作台到达左限 SQ_1 时，电动机反转带动工作台右进；当工作台到达右限 SQ_2 时，电动机正转带动工作台左进，依此实现工作台自动往返循环控制。按下按钮 SB_2，电动机反转带动工作台右进，同样实现工作台自动往返循环控制。

二、相关知识

行程开关又称为限位开关，是一种利用生产机械的某些运动部件的碰撞来发出控制指令的电器，一般用于生产机械的运动方向、行程的控制和位置保护。行程开关的种类很多，有直动式、单轮滚动式、双轮滚动式、微动式等。常用的行程开关型号有 LX19、LX31、LX32、LX33 以及 JLXK1 等系列。行程开关外形如图 1-35 所示。

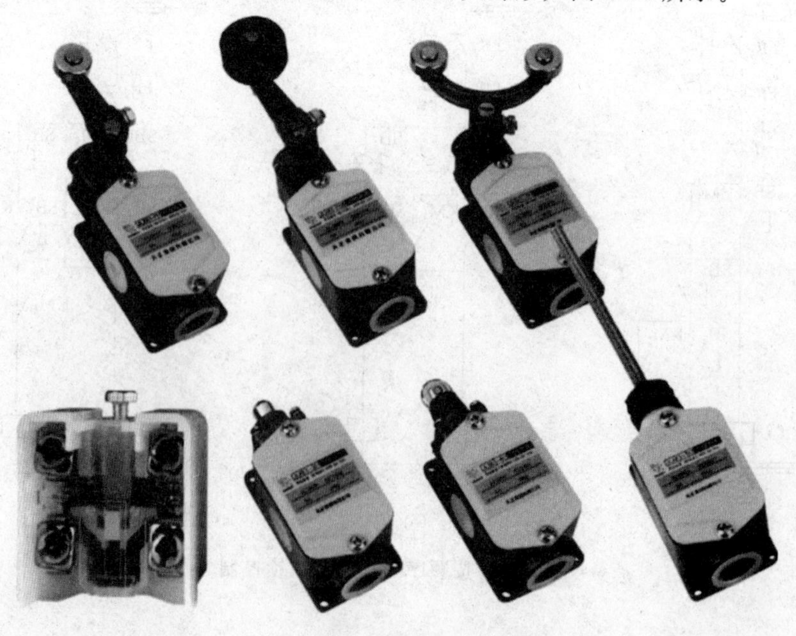

图 1-35 行程开关外形

图 1-36 为直动式行程开关的结构示意图。行程开关的符号如图 1-37 所示。行程开关的动作原理与按钮类似，不同之处是行程开关用运动部件上的撞块来碰撞其推杆，使行程开关的触点动作。它的缺点是触点分合速度取决于生产机械的移动速度，当移动速度低于 0.4m/min 时，触点分断太慢，易受电弧烧损。为此，应采用如图 1-38 所示的有盘形弹簧机构瞬时动作的滚轮式行程开关。当生产机械的行程比较小而作用力也很小时，可采用如图 1-39 所示的具有瞬时动作和微小行程的微动开关。

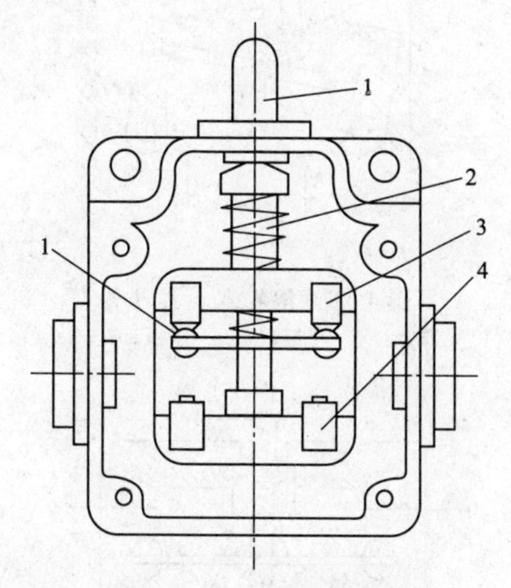

图 1-36　直动式行程开关

1—顶杆；2—弹簧；3—常闭触点；4—常开触点

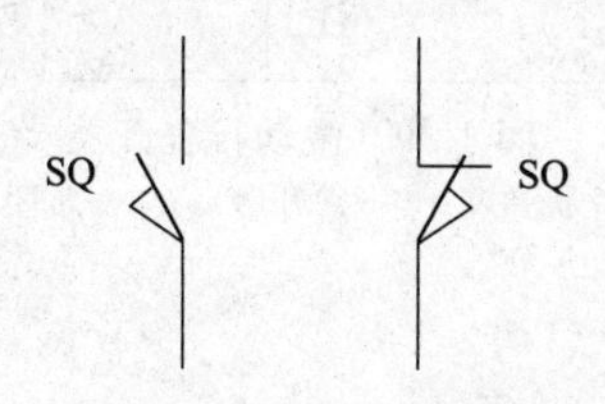

图 1-37　行程开关的符号

三、任务实施

工作台往返自动控制。

1. 实验目的

① 通过对工作台自动往返控制线路的实际安装接线，掌握由电气原理图换成安装接线图的能力。

② 通过实验进一步理解工作台往返自动控制原理。

2. 选用组件

① DJ16 三相笼式异步电机（U_N＝220V，△接法）；

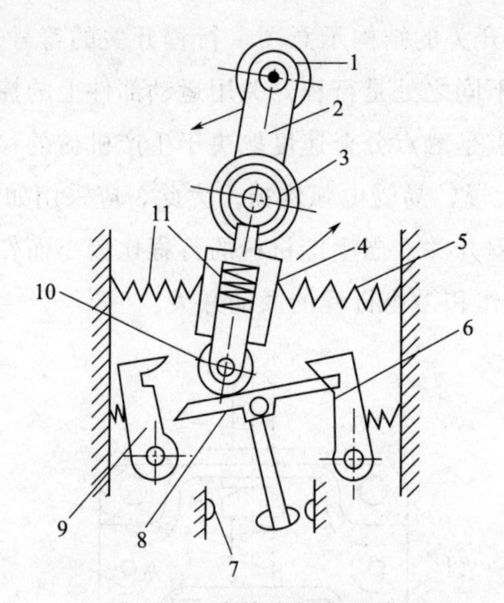

图 1-38 滚轮式行程开关

1—滚轮；2—上轮臂；3,5,11—弹簧；4—套架；6,9—压板；7—触点；8—触点推杆；10—小滑轮

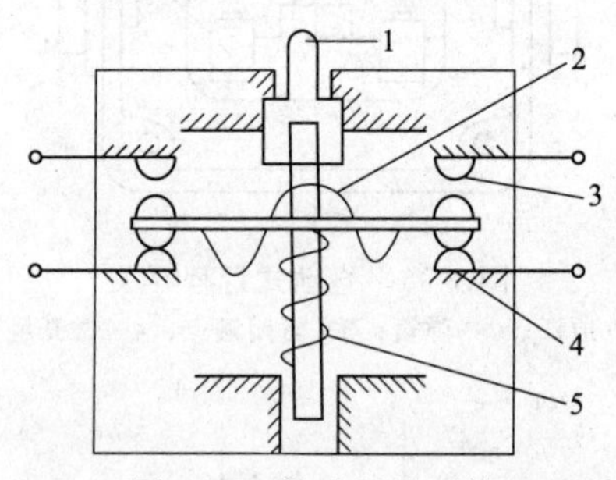

图 1-39 微动行程开关

1—推杆；2—弯形片状弹簧；3—常开触点；4—常闭触点；5—复位弹簧

② DJ61 继电接触器控制（一）；

③ DJ61 继电接触器控制（二）。

3. 实验原理

图 1-40 为工作台自动往返行程控制线路。当工作台的挡块停在行程开关 SQ_1 和 SQ_2 之间任何位置时，可以按下任一启动按钮 SB_1 或 SB_2 使之运行。例如按下 SB_1，电动机正转，带动工作台左进，当工作台到达终点时挡块压下终点行程开关 SQ_1，使其常闭触点 SQ_{1-1} 断开，接触器 KM_1 因线圈断电而释放，电机停转；同时行程开关 SQ_1 的常开触电 SQ_{1-2} 闭合，使接触器 KM_2 通电吸合且自锁，电动机反转，拖动工作台向右移动；同时 SQ_1 复位，为下次正转做准备。当电动机反转拖动工作台向右移动到一定位置时，挡块 2 碰到行程开关 SQ_2，使 SQ_{2-1} 断开，KM_2 断电释放，电动机停转；同时常开触点 SQ_{2-2} 闭合，使 KM_1 通电并自锁，电动机又开始正转，如此反复循环，使工作台在预定行程内自动反复运动。图 1-41 为工作台运动示意图。

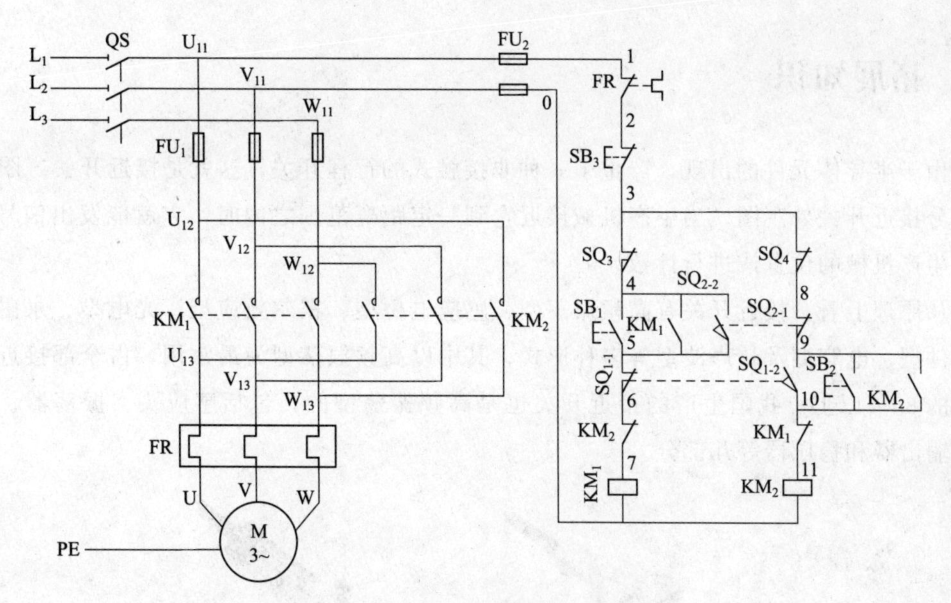

图 1-40　工作台自动往返循环控制线路

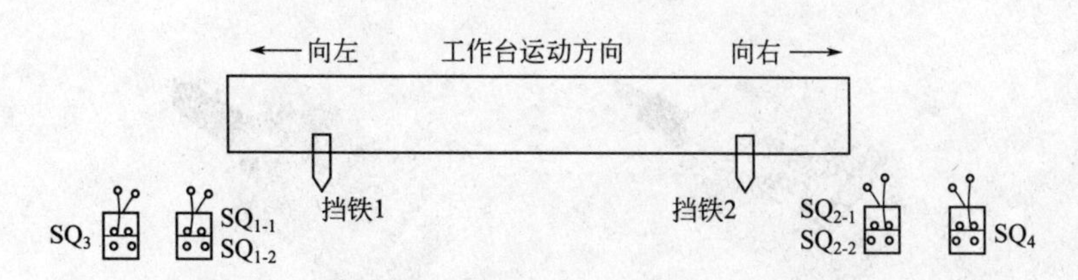

图 1-41　工作台运动示意图

4. 实验步骤

按图 1-40 工作台自动往返循环控制线路图接线，经老师检查无误后，按下列步骤操作：

① 合上开关 QS，接通三相交流 220V 电源；

② 按下 SB_1，使电动机正转，正转约半分钟；

③ 用手按 SQ_{1-2}（模拟工作台左进到达终点，挡块压下行程开关），观察电动机应停止正转，并变为反转。

④ 反转约半分钟，用手按 SQ_{2-1}（模拟工作台后退到达原位，挡块压下行程开关），观察电动机应停止反转，并变为正转。

⑤ 重复上述步骤，实验接线应能正常工作。

5. 思考题

若本实验线路中没有机械互锁，能实现工作台自动往复控制吗？

四、拓展知识

由于半导体元件的出现，产生了一种非接触式的行程开关，这就是接近开关。图 1-42 为部分接近开关外观图。当生产机械接近它到一定距离范围之内时，它就能发出信号，以控制生产机械的位置或进行计数。

从原理上看，接近开关有高频振荡型、感应电桥型、霍尔效应型、光电型、永磁及磁敏元件型、电容型及超声波型等多种形式，其中以高频振荡型为最常用，占全部接近开关产量的 80%以上。我国生产的接近开关也是高频振荡型的，包括感应头、振荡器、开关器、输出器和稳压器等几部分。

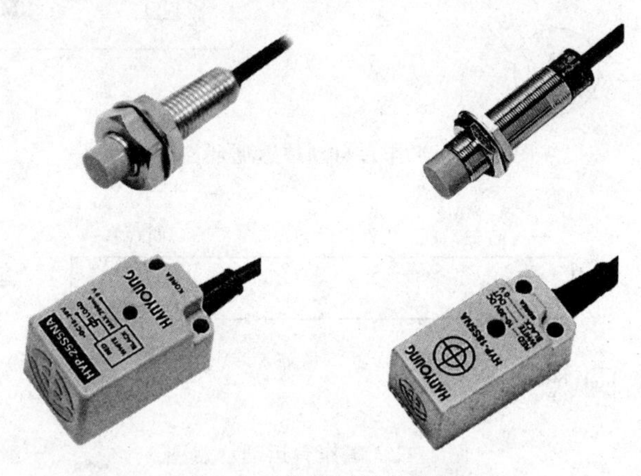

图 1-42 接近开关外观图

任务四 电动机降压启动控制电路的分析与安装

一、任务描述

一般电动机容量小于 10kW 的可以采用直接全压启动，超过 10kW 的电动机是否能采用直接全压启动，要根据变压器容量、电动机启动是否频繁、是否承受机械冲击等多种因数综合考虑。

对于电动机的启动方法选择，符合直接全压条件的电动机就采用直接全压启动，不符合直接全压启动条件的电动机就采用降压启动。三相笼型异步电动机降压启动的方法有定子绕组串电阻（电抗）启动、Y-△降压启动、延边三角形降压启动、自耦变压器降压启动等四种方法。降压启动的实质是启动时减小加在电动机定子绕组上的电压，以减小启动电流；而启动后再将电压恢复到额定值，电动机进入正常工作状态。

二、相关知识

1. 继电器的分类

继电器是一种根据外界输入信号（电量如电压、电流；非电量如时间、速度、热量等）来控制电路通、断的自动切换电器，其触点常接在控制电路中。值得注意的是，继电器的触点不能用来接通和分断负载电路，这也是继电器的作用与接触器的作用的区别。

继电器的种类很多，按输入信号的不同可分为电压继电器、电流继电器、时间继电器、热继电器、速度继电器与压力继电器等。

2. 电磁式继电器

电磁式继电器是使用最多的一种继电器，其基本结构和动作原理与接触器大致相同。但电磁式继电器是用于切换小电流的控制和保护电器，其触点种类和数量较多，体积较小，动作灵敏，无需灭弧装置。

（1）电流继电器

电流继电器是根据线圈中电流的大小控制电路通、断的控制电器。它的线圈是与负载串联的，线圈的匝数少、导线粗、阻抗小，如图 1-43 所示。电流继电器又有过电流继电器和欠电流继电器之分。当线圈电流超过整定值时衔铁吸合、触点动作的继电器，称为过电流继电器，它在正常工作电流时不动作。电磁式电流继电器结构如图 1-43 所示，过电流继电器的符号如图 1-44（a）所示。

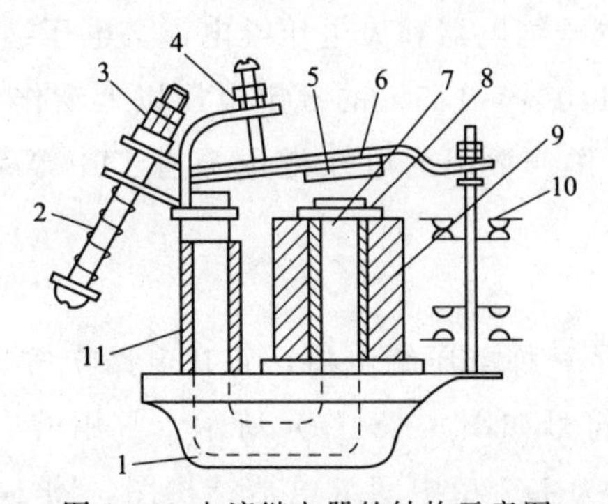

图 1-43　电流继电器的结构示意图

1—底座；2—反力弹簧；3，4—调节螺钉；5—非磁性垫片；6—衔铁；7—铁芯；8—极靴；9—电磁线圈；10—触点系统

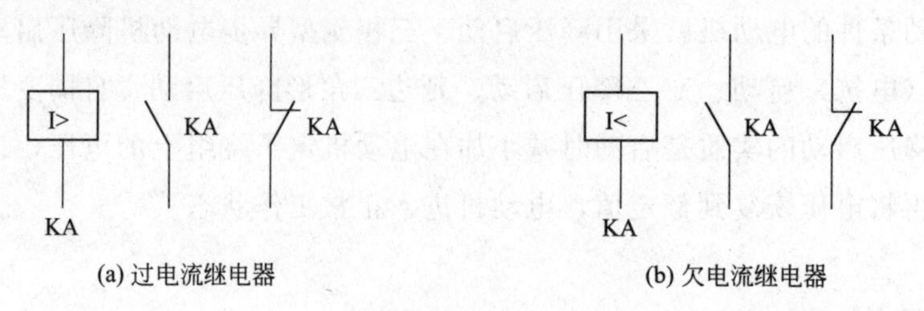

(a) 过电流继电器　　(b) 欠电流继电器

图 1-44　电流继电器的符号

当线圈电流降到某一整定值时衔铁释放的继电器，称为欠电流继电器。通常它的吸引电流为额定电流的 30％～50％，而释放电流为额定电流的 10％～20％，正常工作时衔铁是吸合的。欠电流继电器的符号如图 1-44（b）所示。常用的电流继电器型号有 JT9、JT17、JT18、JL14、JL15、JL18 等系列。常用的电流继电器的外观如图 1-45 所示。

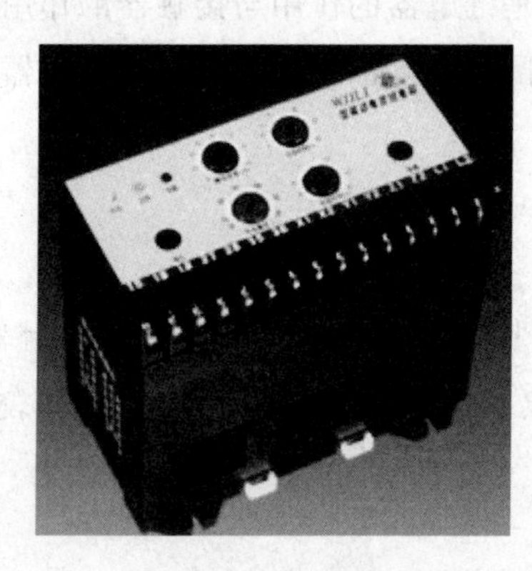

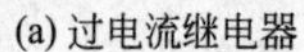

(a) 过电流继电器　　(b) 欠电流继电器

图 1-45　电流继电器的外观图

(2) 电压继电器

电压继电器是根据线圈两端电压大小而控制电路通断的控制电器。它的线圈是与负载并联的，线圈的匝数多、导线细、阻抗大。

电压继电器又分为过电压继电器和欠电压继电器。电压继电器外观如图 1-46 所示。过电压继电器是在电压为 110％～115％的额定电压以上动作，而欠电压继电器在电压为 40％～70％额定电压动作。常用的电压继电器有 JT4 等系列，它们的图形符号如图 1-47所示。

(3) 中间继电器

中间继电器实际上也是一种电压继电器，它在电路中常用来扩展触点数量和增大触点容量。中间继电器的符号如图 1-48（a）所示。常用的中间继电器有 JZ12、JZ7、JZ8 等系列。图 1-48（b）为 JZ7 型中间继电器结构图，图 1-48（c）为中间继电器外观图。

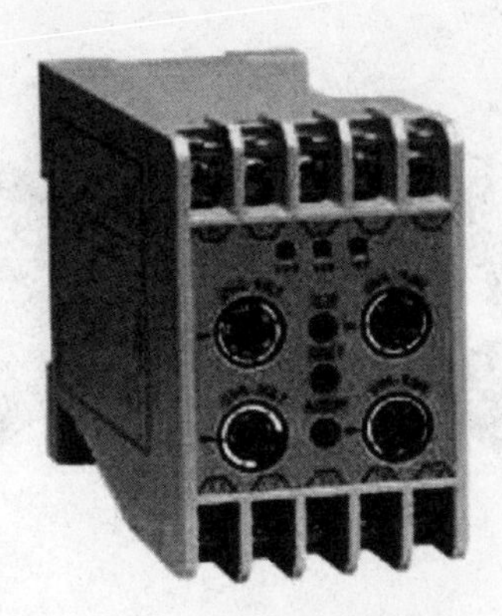

图 1-46 电压继电器外观图

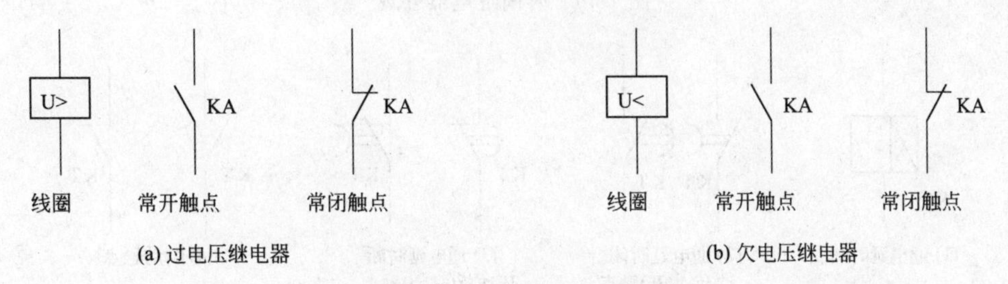

图 1-47 电压继电器的符号

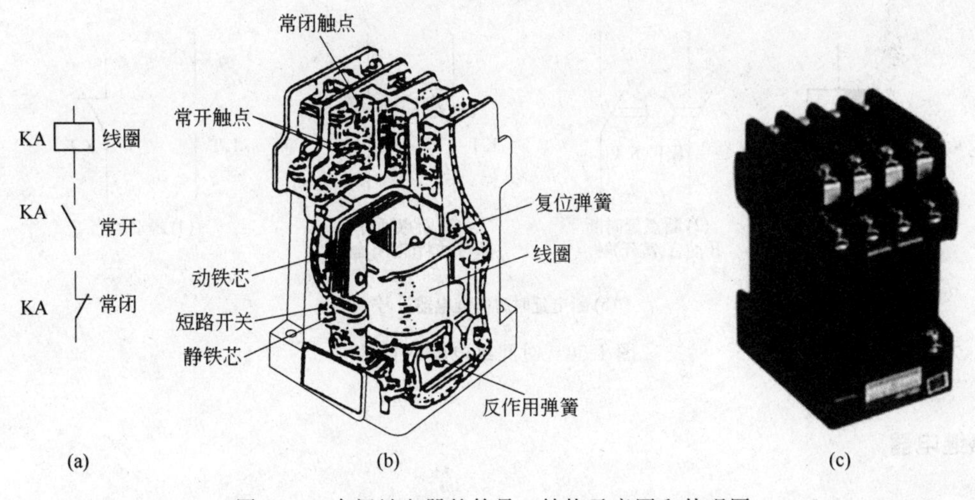

图 1-48 中间继电器的符号、结构示意图和外观图

3. 时间继电器

时间继电器是一种能使感受部分在感受信号（线圈通电或断电）后自动延时输出信号（触点闭合或分断）的继电器。时间继电器的种类很多，主要有电磁式、空气阻尼式、晶体管式等。这里只介绍最常用的空气阻尼式时间继电器，它广泛应用于交流电路中。时间继电器的外观如图 1-49 所示，其符号如图 1-50 所示。

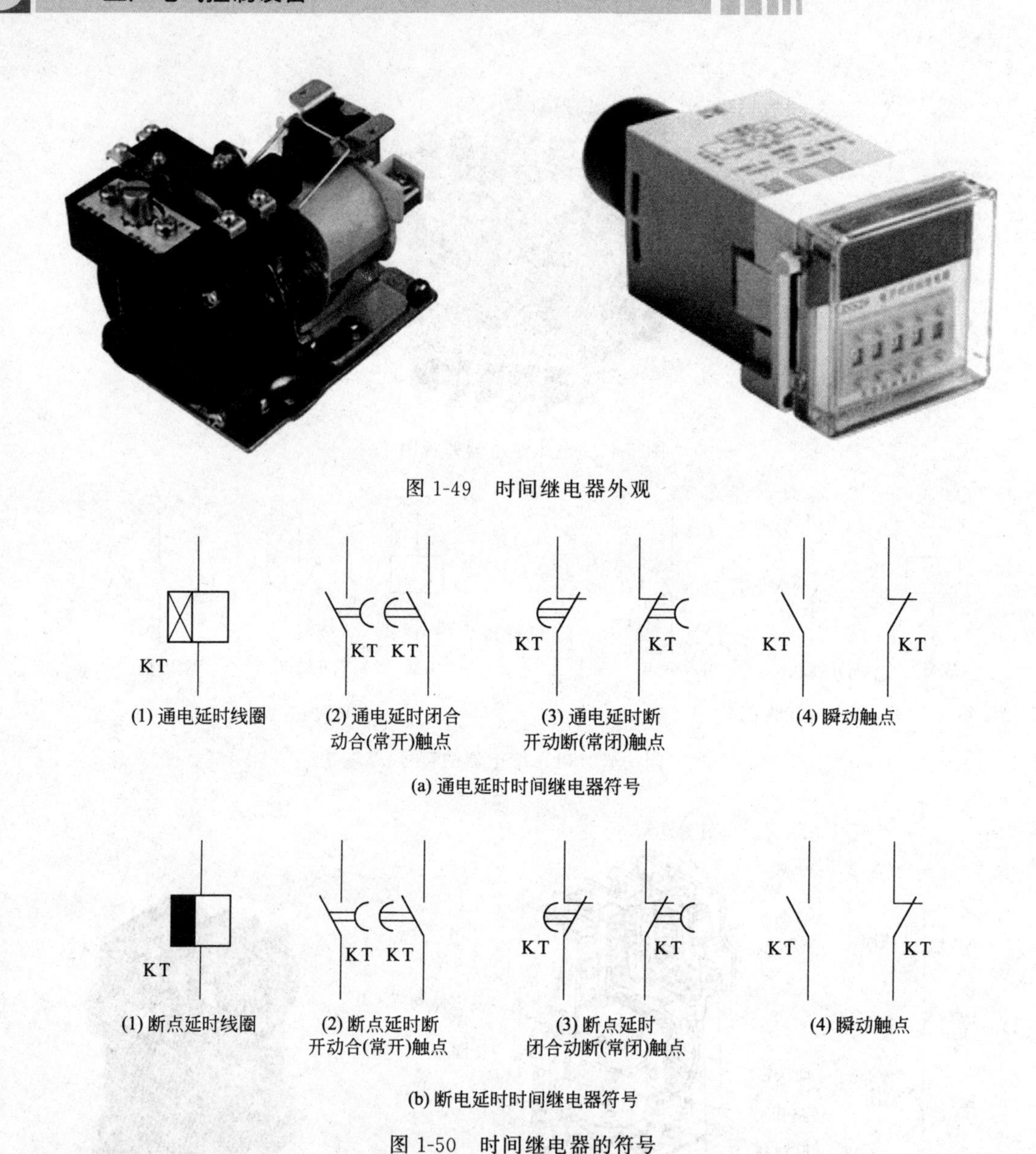

图 1-49　时间继电器外观

图 1-50　时间继电器的符号

4. 热继电器

在模块一“常用低压电器”中已介绍过，图 1-51 为双金属片热继电器的外观示意图，图 1-18 为双金属片热继电器的结构原理图。热继电器的符号如图 1-19 所示。常用的热继电器的型号有 JR0、JR10、JR16、JR20、JRS1 等系列。

热继电器的额定电流应按电动机的额定电流选择。对于过载能力较差的电动机，其配用的热继电器（主要是发热元件）的额定电流可适当小些。通常选取热继电器的额定电流（实际上是选取发热元件的额定电流）为电动机额定电流的 60%～80%。在不频繁启动场合，要保证热继电器在电动机的启动过程中不产生误动作。通常当电动机启动电流为其额定电流的 6 倍以及启动时间不超过 6s 时，若很少连续启动，就可按电动机的额定电流选

图 1-51　热继电器外观图

取热继电器。当电动机为重复短时工作时，首先要注意确定热继电器的允许操作频率。因为热继电器的操作频率是很有限的，如果用它保护操作频率较高的电动机，效果很不理想，有时甚至不能使用。对于可逆运行和频繁通断的电动机，不宜采用热继电器保护，必要时可采用装入电动机内部的温度继电器。

三、任务实施

(一) 继电器实验

1. 实验目的

① 了解常用继电器的结构、型号规格、用途和使用方法。

② 掌握电流继电器返回系数的测定方法。

③ 掌握电流继电器、热继电器、时间继电器整定值的检验及调整方法。

2. 实验设备及仪表

调压器用电源控制屏 DG01

电流表用挂件 D32 中交流电表 5A 量程

电流继电器	JL14-5A	1 只
热继电器	JR16-20/3（热元件 0.5A）	1 只
时间继电器	JS7-3A（线圈电压 220V）	1 只
可调电阻器	0～180Ω、10A	1 只

万能电表　　MY-61 型　　1只

3. 实验原理

(1) 电流继电器返回系数的测定

电流继电器是根据电流的大小而动作的继电器，继电器返回系数的定义为：

$$\beta_i=\frac{\text{释放电流}}{\text{吸合电流}}$$

调节电路元件参数，使通过电流继电器的电流逐渐增加，直到电流继电器动作，记录下该电流值，即为电流继电器的吸合电流值。然后逐渐降低电流，使电流继电器释放，并记录下电流继电器释放时的电流值，即为电流继电器的释放电流值。由上式继电器返回系数定义，可计算出继电器的返回系数值。

(2) 过电流继电器的整定值

电流继电器按用途可分为过电流继电器和欠电流继电器，交流过电流继电器的动作(吸合) 电流值为 (110%～350%)I_N。电磁式电流继电器的动作值可通过调节螺钉来整定。

(3) 热继电器的整定值

热继电器是专门用来对连续运行的电动机进行过载及断相保护的继电器。热继电器的整定电流值是指热元件能够长期通过而不至于引起热继电器动作的最大电流值。额定电流值的整定可通过转动整定电流旋钮来调节。

(4) 时间继电器的延时整定

时间继电器是按照时间原则进行控制的继电器，不同类型的时间继电器的延时原理不同，因而其延时的整定方法也不同。空气阻尼式时间继电器是由调节其进口的螺钉来整定延时时间的。

4. 实验内容与步骤

在实验过程中，应观察清楚各种电器的接线触头位置，每次接线后，均应先自行检查并报告指导老师检查确认无误后，才能接通电源。

实验中注意人体不能接触电器及线路中任何带电部位。每次改变接线或对电器进行调节时均应切断电源。在实验过程中若出现异常情况，应立即切断电源，并报告指导老师处理。每次通、断电均应关照同组全体同学。

在实验过程中，应时刻注意观察电流表的读数，注意不要超过规定值，以免损坏电器和电表。

(1) 测定电流继电器的返回系数

① 电流继电器返回系数测定实验线路如图 1-52 接线。将 QS 断开，可调电阻 R 阻值调至最大，调压器 T 输出调至零位。

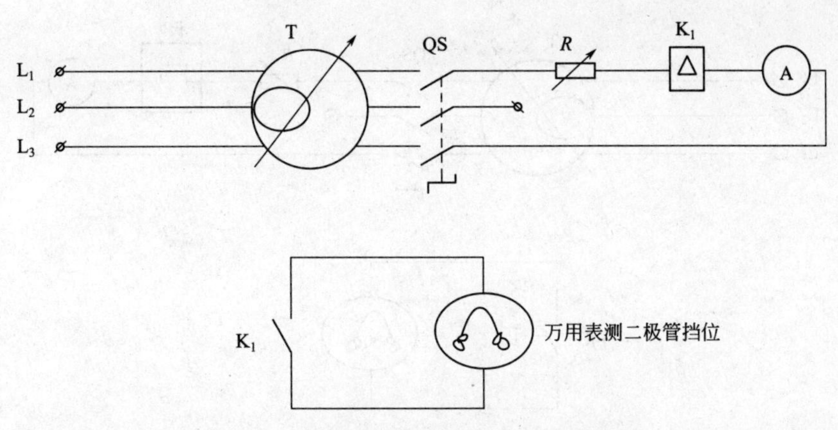

图 1-52　电流继电器返回系数测定实验线路

② 经检查后合上 QS，调节调压器 T 输出电压，使电流表的读数缓慢上升，至电流继电器吸合，记录下此时的吸合电流值于表 1-3 中。

③ 接上步，反方向逐步调节调压器使电流表的读数缓慢下降，至电流继电器释放时，记录下此时的释放电流值于表 1-3 中。

重复上述实验 3 次，并计算出各次实验的返回系数，取 3 次的平均值为该继电器的返回系数值。

表 1-3　电流继电器返回系数测定记录表

序号	吸合电流/A	释放电流/A	返回系数	返回系数平均值
1				
2				
3				

(2) 过电流继电器的整定值的校验及调整

接上步实验，将电流继电器的吸合电流与其整定值相比较，并可适当旋动调节螺钉后，重新测量继电器的吸合电流，看有什么变化。

(3) 热继电器整定值的检验及调整

① 热继电器试验线路按图 1-53 接线，注意将热继电器的两个热元件串联。断开 QS，可调电阻至最大，T 的输出调至零位。

② 经检查后合上 QS，调节调压器 T 使电压缓慢上升，电流表的读数随之上升，至该热继电器的额定值时，使热继电器在该电流下工作 10min（标准规定需要 1h），热继电器应该不动作。

③ 继续调 T 使电流上升至热继电器额定电流的 1.5 倍，从此刻起热继电器应在 2min 内动作。若超过 2min 才动作，可调节热继电器上的旋钮。记录下热继电器的动作电流和

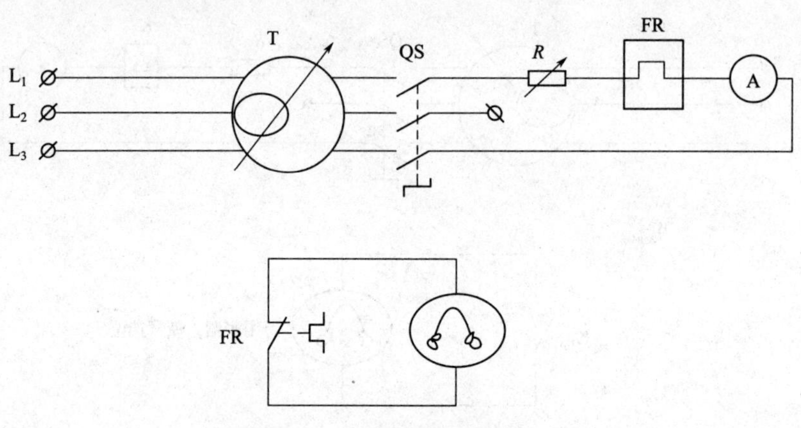

图 1-53　热继电器试验线路

动作时间。

(4) 时间继电器延时量的整定

① 时间继电器试验线路按图 1-54 接线。

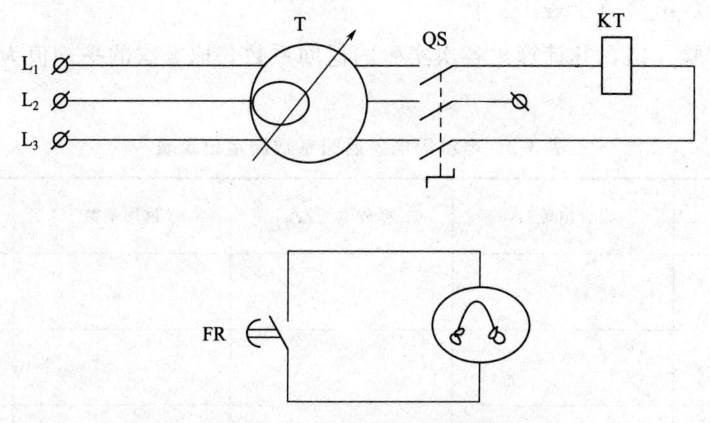

图 1-54　时间继电器试验线路

② 经指导老师检查并得到允许后，合上 QS，时间继电器线圈通电，经延时后其触头运作。试调节时间继电器进气口的螺钉，将时间继电器的延时时间整定为 5s 和 10s，各重复进行一次实验。

5. 思考题

① 根据实验中的观察和实验结果，试简述电流继电器返回系数的测定和电流继电器、热继电器、时间继电器动作值整定的原理和方法。

② 买来的热继电器如果电流值不加整定就使用，会有什么结果？

(二) 三相异步电动机变速控制

1. 实验目的

① 通过对按钮控制和时间继电器控制的异步电动机变速控制线路的实际安装接线，掌握由电气原理图变换成安装接线图的能力。

② 通过实验进一步理解异步电动机变速控制原理。

2. 选用组件

① 编号为 DJ22 的双速异步电动机（U_N＝220V　△接法）；

② 转速表（S9C2 型）；

③ 编号为 DC01 挂箱；

④ 编号为 D61 的挂箱；

⑤ 编号为 D62 的挂箱；

⑥ 连接导线若干。

3. 实验线路图（图 1-55 和图 1-56）

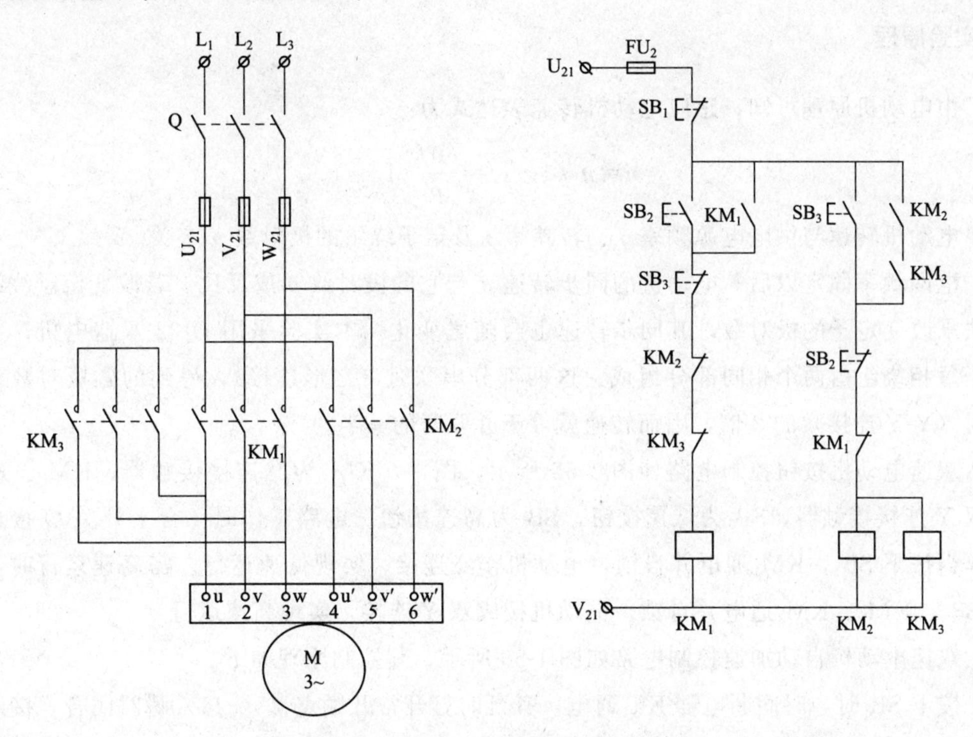

图 1-55　双速电动机按钮控制电路

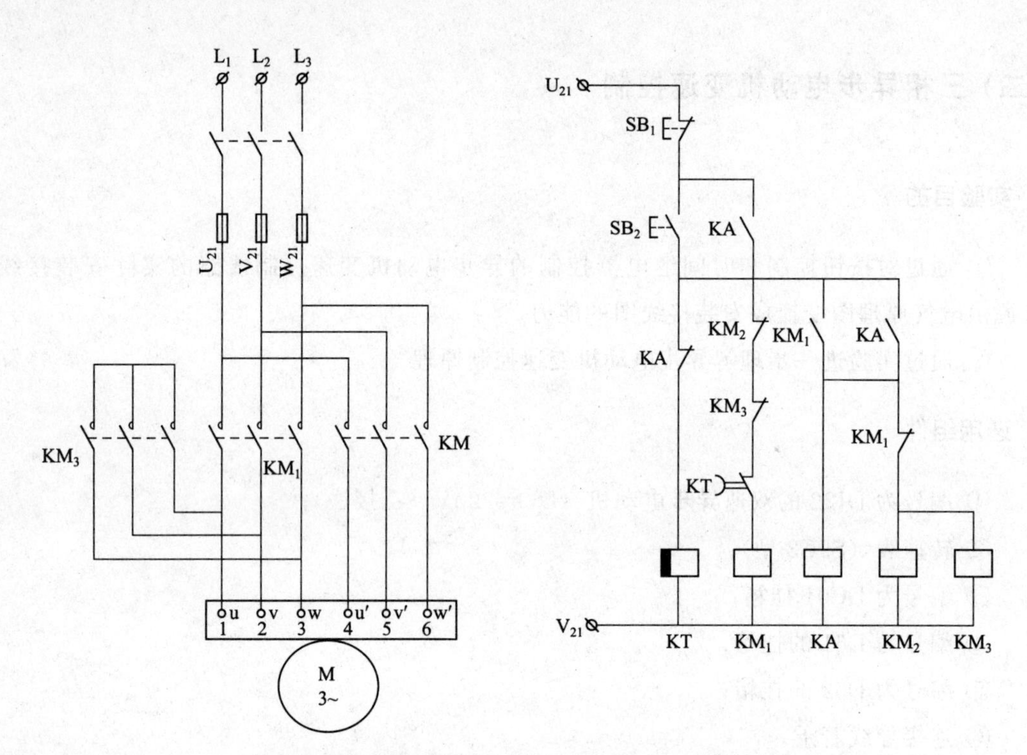

图 1-56　时间继电器控制双速电动机自动加速控制电路

4. 实验原理

由电动机原理可知，感应电动机转速表达式为：

$$n=n_0(1-s)=\frac{60f}{p}(1-s)$$

电动机转速与供电电源频率 f、转差率 s 及定子绕组的极对数 p 有关。

电网频率固定以后，电动机的同步转速 n 与它的极对数 p 成反比。若改变定子绕组的接法来改变定子的极对数，其同步转速也会随之变化。本实验采用 DJ22 双速电机，它的定子每相绕组由两个相同部分组成。这两部分串联时（△形连接），得到的磁极对数为并联时（Y-Y 连接）的 2 倍，因而转速就等于并联时的一半。

双速电动机按钮控制电路如图 1-55 所示，图中，KM_1 为△连接接触器，KM_2、KM_3 为双 Y 连接接触器，SB_2 为低速按钮，SB_3 为高速按钮。电路工作时，合上开关 Q 接通电源，当按下 SB_2，KM_1 通电并自锁，电动机作△连接，实现低速运行。需高速运行时，按下 SB_3、KM_2、KM_3 通电并自锁，电动机接成双 Y 连接，实现高速运行。

双速电动机自动加速控制电路如图 1-56 所示，其控制原理如下。

按下 SB_2 时，时间断电器 KT 通电，其延时打开常开触点（9～11）瞬时闭合，接触器 KM_1 因线圈通电而吸合，电动机定子绕组接成△形启动。同时中间继电器 KA 通电吸合并自锁，使时间继电器 KT 断电，经过延时，KT（9～11）触点断开，接触器 KM_1 断电，使接触器 KM_2 与 KM_3 通电，电动机便自动地从△形变成 Y-Y 形运行，完成了自动加速过程。

5. 实验步骤

(1) 按钮控制双速电动机变速电路

① 开启交流电源，将三相输出的线电压调节到220V，保持不变，按下“关”按钮以切断交流电源。

② 按图1-55接线，图中SB_1、SB_2、SB_3、KM_1、KM_2与KM_3选用D61挂箱，把转速表与DJ22双速异步电动机接上（量程选3600r/min）。

③ 经老师检查无误后，按下控制屏上的“开”按钮，并按下列步骤进行通电试验。

a. 按下SB_2，记下电动机运转速度。

b. 按下SB_1，观察电动机是否停机。

c. 按下SB_3，记下电动机运转速度。

d. 再按下SB_1，电动机停转。

e. 按下列顺序操作一遍，先按下SB_2，再按下SB_3，再按下SB_1，观察电动机运行情况，并做记录。

(2) 时间继电器控制双速电动机自动加速控制电路

① 开启交流电源，将三相输出的线电压调节到220V，保持不变，按下“关”按钮以切断交流电源。

② 按图1-56接线，图中SB_1、SB_2、KM_1、KM_2选用D61挂箱，KT与KA选用D62挂箱，并把转速表接上（量程选3600r/min）。

③ 经老师检查无误后，按下控制屏上的“开”按钮，并按下列步骤进行通电试验。

a. 按下SB_2，电动机△形启动，经过一定的延时时间，电动机自动转换为Y-Y接法高速运转，观察转速表速度指示变化，记录变化前后速度指示值。

b. 按下停止按钮，电动机停止转动。

6. 思考题

① 图1-55中按钮控制调速电路可以实现低速运行直接转换为高速运行吗？为什么？

② 本实验控制线路中的时间继电器作用是什么？能否把断电延时型继电器换成通电延时型？

(三) 星形-三角形（Y-△）降压启动控制线路

1. 实验目的

① 通过对三相异步电动机由接触器和时间继电器控制的Y-△降压启动控制线路的实际安装接线，掌握由电气原理图变换成安装接线图并进行操作的能力。

② 通过实验进一步理解降压启动的原理。

2. 选用组件

① 编号为 DJ24 的三相笼式电动机（$U_N=220V$，△接法）。

② 编号为 DJ61 的继电接触器控制（一）挂箱。

③ 编号为 DJ63 的继电接触器控制（三）挂箱。

④ 编号为 D32 的交流电表挂箱。

3. 实验原理

当电机容量较大或不满足下列条件时：

$$\frac{启动电流}{测定电流}=\frac{3}{4}+\frac{电流变压器容量（kV \cdot A）}{4\times 电动机容量（kW）}$$

不能进行直接启动，应采用降压启动。降压启动的目的是减小较大的启动电流，以减少对电网电压的影响，但启动转矩也得降低，因此，降压启动适用于空载或轻载下的启动。

三相异步电动机降压启动的方法有以下几种：Y-△降压、定子电路中串入电阻或电抗、使用自耦变压器的延边三角形启动等。

本实验主要针对 Y-△ 降压启动控制电路。当电机启动时接成 Y 形连接，电压降为额定电压的$\frac{1}{\sqrt{3}}$，正常运转时转换为△连接，由电工基础知识可知：

$$I_{YL}=\frac{1}{3}I_{\Delta L}$$

式中 $I_{\Delta L}$——电动机△接时线电流，A；

I_{YL}—— 电动机 Y 接时线电流，A。

因此 Y 接时启动电流降低为△连接时的$\frac{1}{3}$。

Y-△降压启动是指电动机启动时，把定子绕组接成星形，以降低启动电压，减小启动电流；待电动机启动后，再把定子绕组改接成三角形，使电动机全压运行。Y-△启动只能用于正常运行时为△形接法的电动机。

(1) 按钮、接触器控制 Y-△降压启动控制线路

图 1-57（a）为按钮、接触器控制 Y-△降压启动控制线路。线路的工作原理为：按下启动按钮 SB_1，KM_1、KM_2得电吸合，KM_1自锁，电动机星形启动，待电动机转速接近额定转速时，按下 SB_2，KM_2断电、KM_3得电并自锁，电动机转换成三角形全压运行。

(2) 时间继电器控制 Y-△降压启动控制线路

图 1-57（b）为时间继电器自动控制 Y-△降压启动控制线路。电路的工作原理：按下启动按钮 SB_1，KM_1、KM_2得电吸合，电动机星形启动，同时 KT 也得电，经延时后时间

继电器 KT 常闭触头打开，使得 KM_2 断电，常开触头闭合，使得 KM_3 得电闭合并自锁，电动机由星形切换成三角形正常运行。

4. 实验步骤

(1) 接触器控制 Y-△降压启动控制线路

按下“关”按钮以切断三相交流电源，按图 1-57（a）所示接触器控制 Y-△降压启动控制线路进行接线。经老师检查无误后，方可按下“开”按钮，按下列步骤进行通电实验。

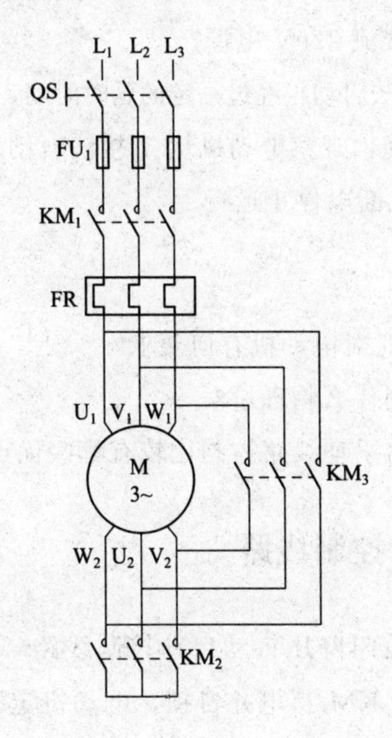

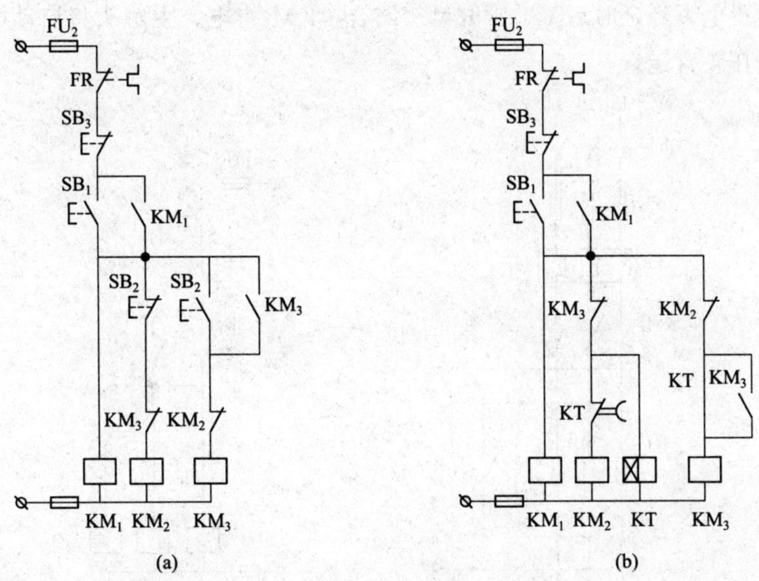

图 1-57　Y-△降压启动控制线路

① 合上电源开关，接通三相交流 220V 电源。

② 按下按钮 SB_1，电动机 Y 接法启动。

③ 按下按钮 SB_2，使电动机为△接法正常运转。

④ 按下按钮 SB_3，电动机断电停止运行。

(2) 时间继电器 Y-△降压启动控制线路

按下“关”按钮以切断三相交流电源，按图 1-57（b）所示时间继电器控制 Y-△降压启动控制线路进行接线。经老师检查无误后，方可按下“开”按钮，按下列步骤进行通电实验。

① 合上电源开关，接通三相交流 220V 电源。

② 按下按钮 SB_1，电动机 Y 接法启动，经过一定的延时时间，电动机按△接法正常运转。

③ 调节时间继电器的延时时间，观察电动机从 Y 接法自动转为△接法的延时时间。

④ 按下停止按钮 SB_3，电动机断电停止运行。

5. 思考题

① 采用 Y-△降压启动的方法时对电动机有何要求？

② 降压启动的最终目的是控制什么物理量？

③ 降压启动的自动控制线路与手动线路控制比较有哪些优点？

※(四) 定子绕组串电阻启动控制线路

图 1-58 为电动机定子绕组串电阻降压自动启动控制线路。电路的工作原理为：合上电源开关 QS，按下启动按钮 SB_1，KM_1 得电并自锁，电动机定子绕组串入电阻 R 降压启动，同时 KT 得电，经延时后 KT 常开触头闭合，KM_2 得电，主触头将启动电阻 R 短接，电动机进入全压正常运行。

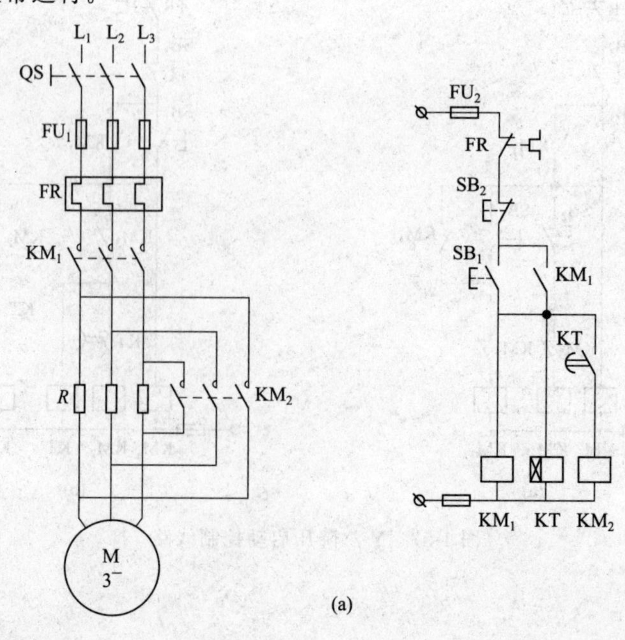

(a)

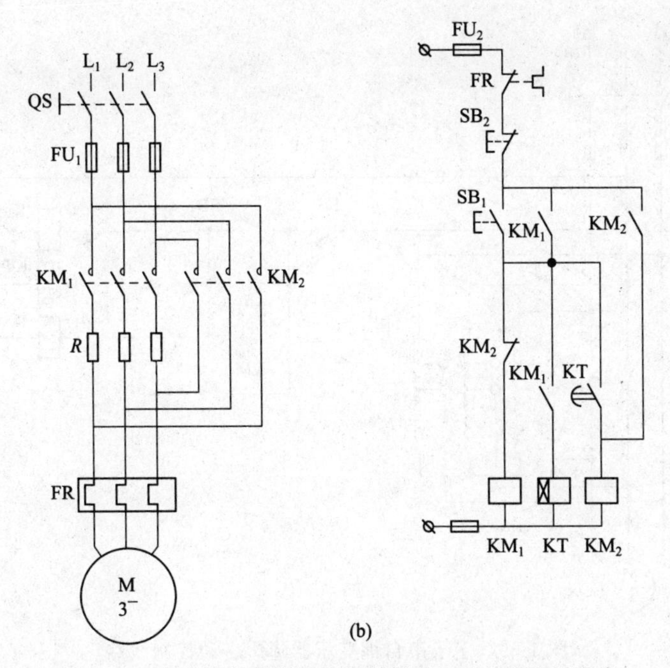

图 1-58 电动机定子绕组串电阻降压自动启动控制线路

图 1-58（a）与（b）的区别在于，图 1-58（a）中的 KM_1 和 KT 在 KM_2 线圈得电后，仍然保持有电的工作状态，而图 1-58（b）中的 KM_1 和 KT 在 KM_2 线圈得电后断电，这样可以延长 KM_1 和 KT 的使用寿命。

※(五) 自耦变压器降压启动控制线路

自耦变压器降压启动是指电动机启动时利用自耦变压器来降低加在电动机定子绕组上的启动电压。待电动机启动后，再将自耦变压器脱离，使电动机在全压下正常运行。

串自耦变压器降压启动的控制线路如图 1-59 所示。这一线路的设计思想和串电阻启动线路基本相同，也是采用时间继电器完成按时动作，所不同是启动时串入自耦变压器，启动结束时自动切除。

当启动电动机时，合上刀闸开关 QS，按下启动按钮 SB_2，接触器 KM_1 和时间继电器 KT 的线圈同时得电，KM_1 主触点闭合，电动机定子绕组经自耦变压器接至电源降压启动。时间继电器 KT 到达延时值，一方面其常闭的延时触点打开，KM_1 线圈失电，KM_1 主触点断开，将自耦变压器从电网上切除；同时，KT 常开的延时触点闭合，接触器线圈 KM_2 得电，KM_2 主触点闭合，电机投入正常运转。

串联自耦变压器启动和串电阻启动相比，其优点是在同样的启动转矩时，对电网的电流冲击小，功率损耗小。缺点是自耦变压器相对电阻结构复杂，价格较高。这种线路主要用于启动较大容量的电动机，以减小启动电流对电网的影响。

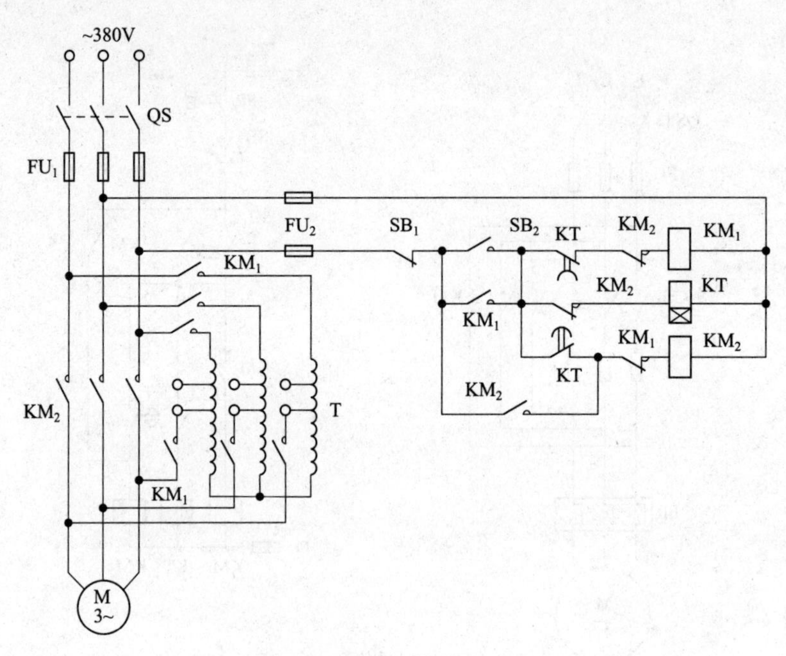

图 1-59　定子串自耦变压器降压启动控制线路

※(六) 延边三角形降压启动控制线路

延边三角形降压启动是指电动机启动时，把电动机定子绕组的一部分接成△形，而另一部分接成 Y，使整个定子绕组接成延边三角形，待电动机启动后，再把定子绕组切换成△全压运行。图 1-60 为延边三角形降压启动的控制线路图。

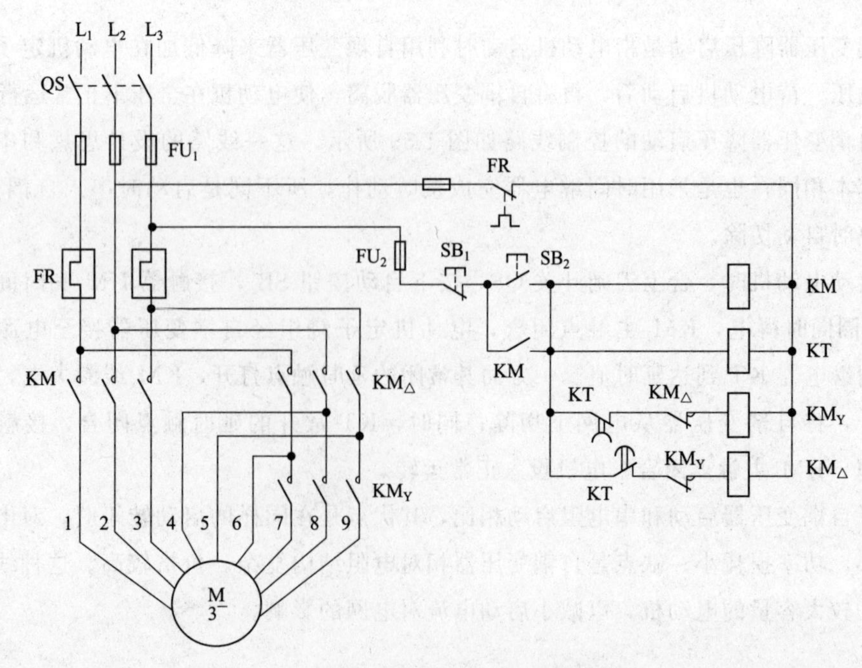

图 1-60　延边三角形降压启动的控制线路

这一电路的设计思想是兼取星形连接与三角形连接的优点，星形连接法启动电流小，而三角形接法启动转矩大。电动机端子如图 1-61（a）所示，可在启动时将电动机定子绕组的一部分接成星形，另一部分接成三角形，如图 1-61（b）所示。在启动结束以后，再换接成三角形接法，如图 1-61（c）所示。其转换过程仍按照时间原则来控制。

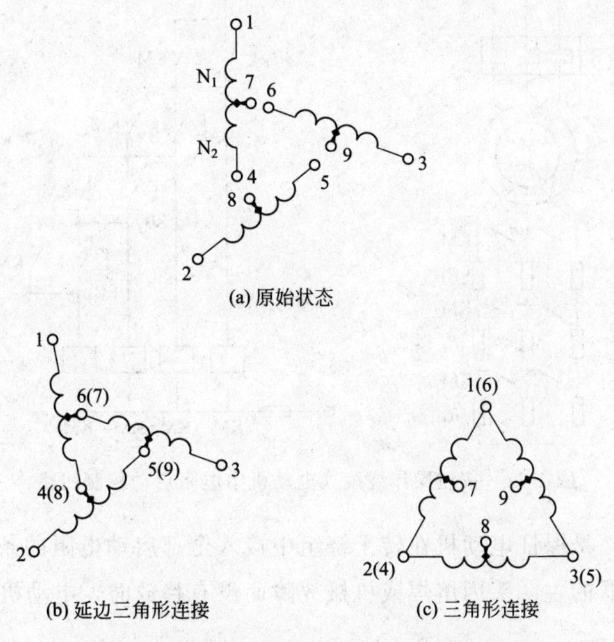

图 1-61　延边三角形-三角形电动机绕组连接

四、拓展知识

1. 按钮操作转子绕组串电阻启动控制线路

图 1-62 为转子绕组串电阻启动由按钮操作的控制线路。其工作原理为：合上电源开关 QS，按下 SB_1，KM 得电吸合并自锁，电动机串全部电阻启动，经一定时间后，按下 SB_2，KM_1 得电吸合并自锁，KM_1 主触头闭合切除第一级电阻 R_1，电动机转速继续升高，经一定时间后，按下 SB_3，KM_2 得电吸合并自锁，KM_2 主触头闭合切除第二级电阻 R_2，电动机转速继续升高。当电动机转速接近额定转速时，按下 SB_4，KM_3 得电吸合并自锁，KM_3 主触头闭合切除全部电阻，启动结束，电动机在额定转速下正常运行。

2. 时间原则控制绕线式电动机串电阻启动控制线路

图 1-63 为时间继电器控制绕线式电动机串电阻启动控制线路，又称为时间原则控制，其中三个时间继电器 KT_1、KT_2、KT_3 分别控制三个接触器 KM_1、KM_2、KM_3 按顺序依次吸合，自动切除转子绕组中的三级电阻。与启动按钮 SB_1 串接的 KM_1、KM_2、KM_3 三

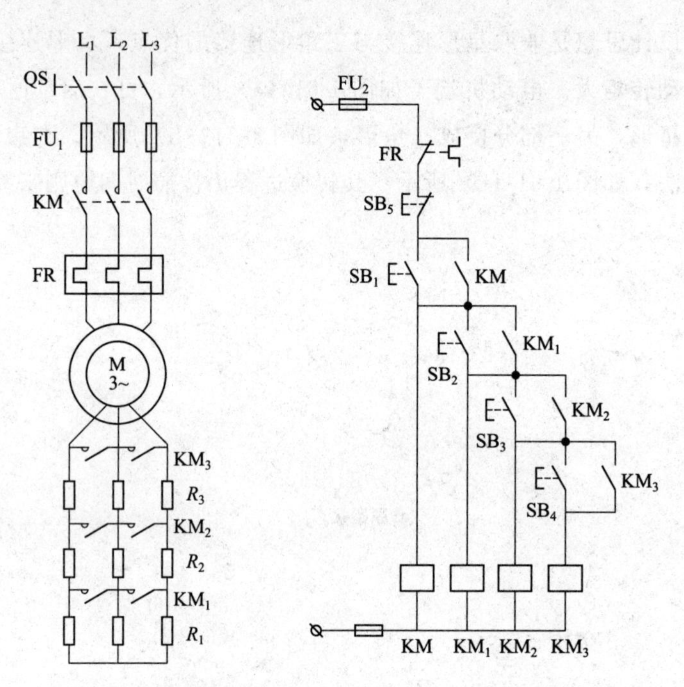

图 1-62　按钮操作绕线式电动机串电阻启动控制线路

个常闭触头的作用，是保证电动机在转子绕组中接入全部启动电阻的条件下才能启动。若其中任何一个接触器的主触头因熔焊或机械故障而没有释放时，电动机就不能启动。

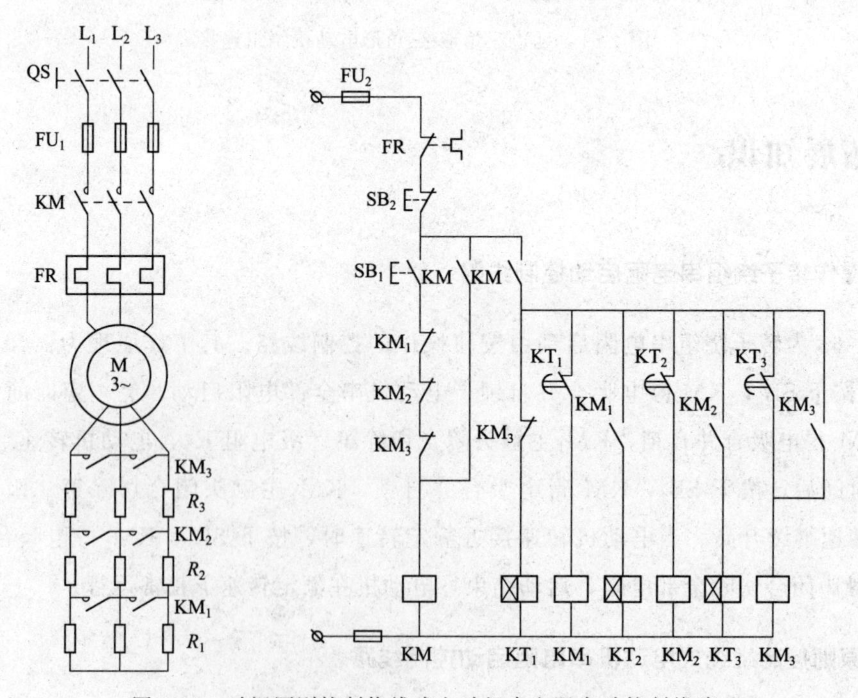

图 1-63　时间原则控制绕线式电动机串电阻启动控制线路

任务五　电动机制动控制电路的分析与安装

一、任务描述

反接制动是利用改变电动机电源的相序，使定子绕组产生相反方向的旋转磁场，因而产生制动转矩的一种制动方法。能耗制动是电动机脱离三相交流电源后，给定子绕组加一直流电源，以产生静止磁场，起阻止旋转的作用，达到制动的目的。在制动时，将制动电磁铁的线圈接通，通过机械抱闸制动电动机，有时还可将电磁抱闸制动与能耗制动同时使用，以弥补能耗制动转矩较小的缺点，加强制动效果。

二、相关知识

速度继电器是以速度的大小为信号与接触器配合，完成笼型电动机的反接制动控制，故亦称为反接制动继电器。速度继电器是根据电磁感应原理制成的，主要由转子、定子和触点三部分组成，其外形如图 1-64（a）所示，结构如图 1-64（b）所示。速度继电器常用于铣床和镗床的控制电路中。速度继电器主要用于笼型异步电动机的反接制动。当反接制动的电动机转速下降到接近零时，能自动切断电源。速度继电器的符号如图 1-64（c）所示，外观如图 1-65 所示。

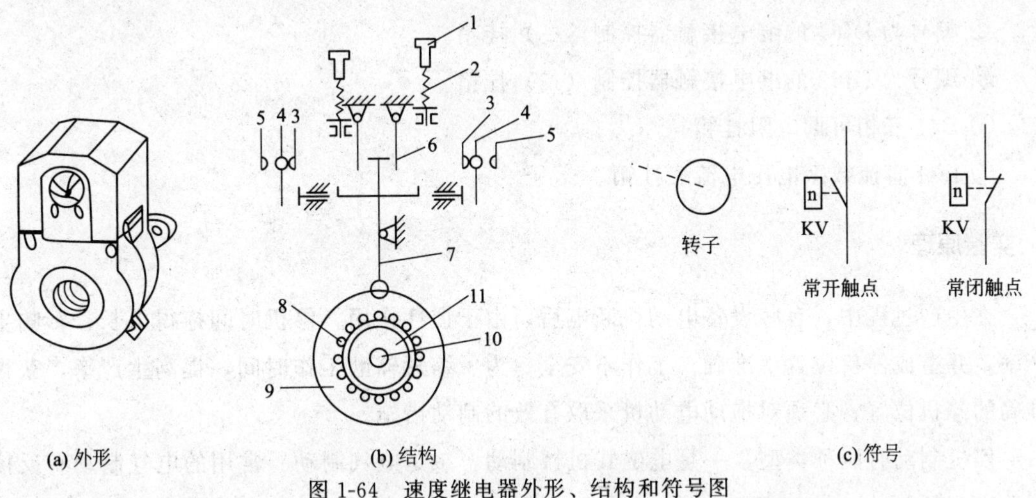

(a) 外形　(b) 结构　(c) 符号

图 1-64　速度继电器外形、结构和符号图

1—螺钉；2—反力弹簧；3—常闭触点；4—动触头；5—常开触点；
6—返回杠杆；7—杠杆；8—定子导体；9—定子；10—转轴；11—转子

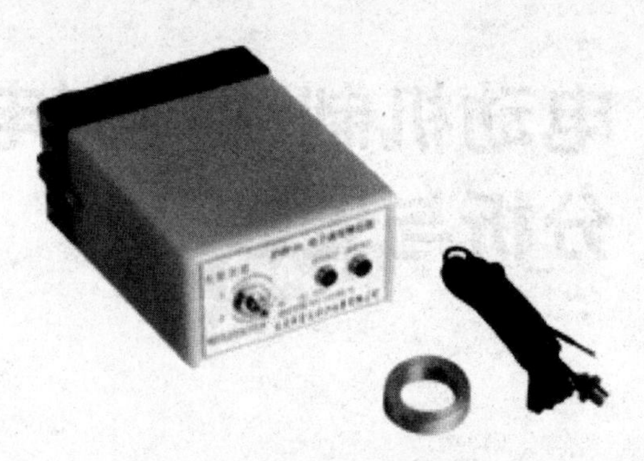

图 1-65 速度继电器外观图

三、任务实施

(一) 时间原则的能耗制动控制电路

1. 实验目的

① 通过对异步电动机能耗制动控制线路的实际安装接线，掌握由电气原理图转换成安装接线图的能力。

② 通过实验进一步理解异步电动机能耗制动原理。

2. 选用组件

① 编号为 DJ24 的三相笼式电动机（U_N=220V，△接法）。

② 编号为 DJ61 的继电接触器控制（一）挂箱。

③ 编号为 DJ62 的继电接触器控制（二）挂箱。

④ D41 三相可调电阻挂箱。

⑤ D31 直流数字电压电流表挂箱。

3. 实验原理

在生产过程中，有些设备电动机断电后，由于惯性作用，停机时间拖得太长，影响生产率，并造成停机位置不准确，工作不安全。为了缩短辅助工作时间，提高生产率，获得准确的停机位置，必须对拖动电动机采取有效的制动措施。

停机制动有两种类型，一是电磁式机械制动，二是电气制动。常用的电气制动有反接制动和能耗制动。

能耗制动是电动机脱离三相电源后，给定子绕组加一直流电源，以产生静止磁场，起阻止旋转作用，达到制动目的。这种制动方法的实质是把转子原来“储存”的机械能转变为电能，又消耗在转子的制动上，所以叫做“能耗制动”。

能耗制动使用于电动机能量较大、要求制动平稳和制动频繁的场合，但能耗制动需要直流电源整流装置，制动时所需的直流电压和直流电流可按下列经验公式计算：

$$I_{DC}=(3\sim5)I_0$$

或 $$I_{DC}=1.5I_N$$

$$U_{DC}=I_{DC}R$$

式中 I_{DC}——能耗制动时所需直流电流，A；

I_N——电动机额定电流，A；

I_0——电动机空载时的线电流，一般 $I_0=(0.3\sim0.4)I_N$；

U_{DC}——能耗制动时的直流电压，V；

R——定子绕组的冷态电阻，Ω。

图 1-66 为按时间原则控制的单向能耗制动控制线路。KM_1 通电并自锁。电动机已单向正常运行后，若要停机，按下停止按钮 SB_1，KM_1 断电，电动机定子脱离三相交流电源；同时 KM_2 通电并自锁，将二相定子接入直流电源进行能耗制动，在 KM_2 通电的同时 KT 也通电。电动机在能耗制动作用下转速迅速下降，当接近零时，KT 延时时间到，其延时触点动作，使 KM_2、KT 相继断电，制动结束。

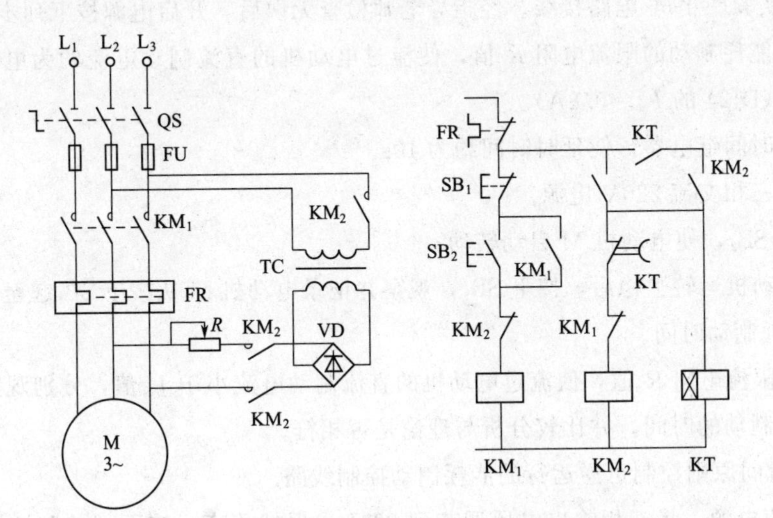

图 1-66　按时间原则控制的单向能耗制动控制线路

图 1-67 为电动机按时间原则控制可逆运行的能耗制动控制线路。在其正常的正向运转过程中需要停止时，可按下停止按钮，KM_1 断电，KM_3 和 KT 线圈通电并自锁，KM_3 常闭触头断开，起着锁住电动机启动电路的作用。KM_3 常开主触头闭合，电动机定子接入直流电源进行能耗制动，转速迅速下降，当其接近零时，时间继电器延时断开的常闭触头 KT 断开，KM_3 线圈断电，KM_3 常开辅助触头复位，时间继电器 KT 线圈也随之失电，电动机正向能耗制动结束，电动机自然停车。

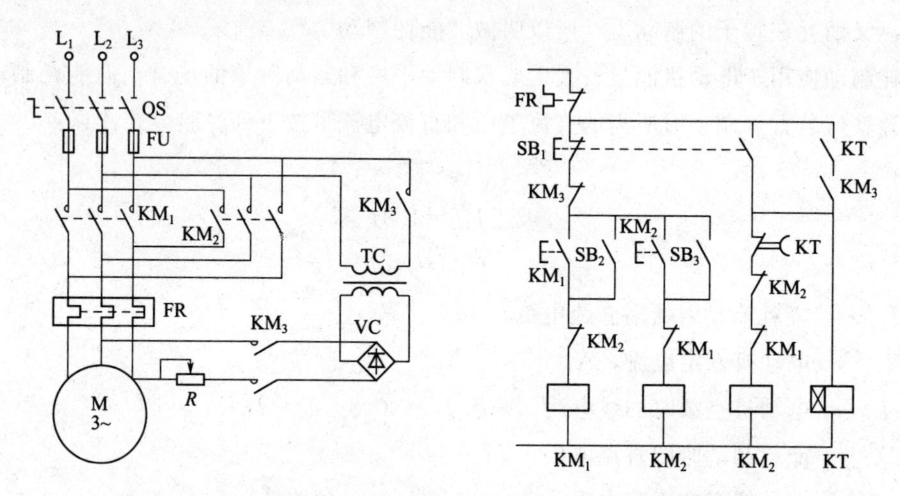

图 1-67　电动机按时间原则控制可逆运行的能耗制动控制线路

4. 实验步骤

（1）按时间原则控制的单向能耗制动控制线路

开启交流电源，将三相输出电压调节到 220V，保持不变。按下“关”按钮以切断交流电源，按实验图 1-66 电路接线。经指导老师检查无误后，开启电源按下列步骤操作。

① 调节能耗制动的限流电阻 R 值，使流过电动机的直流制动电流约为电动机的额定电流 I_N 值。(DJ24 的 $I_N=0.8A$)。

② 调节时间继电器，使延时时间约为 10s。

③ 接通三相交流 220V 电源。

④ 按下 SB_2，使电动机 M 启动转动。

⑤ 待电动机运转平稳后，按下 SB_1，观察并记录电动机 M 从按下 SB_1 起至电动机停止旋转止的能耗制动时间。

⑥ 增大限流电阻 R 值，使流过电动机的直流制动电流小于 I_N 值，分别观察并记录电动机 M 能耗制动的时间，并比较分析与理论是否相符。

（2）按时间原则控制可逆运行的能耗制动控制线路

开启交流电源，将三相输出电压调节到 220V，保持不变。按下“关”按钮以切断交流电源，按实验图 1-67 电路接线。经指导老师检查无误后，开启电源按下列步骤操作。

① 按下 SB_2，使电动机 M 正转。

② 按下 SB_1，电动机进行能耗制动。

③ 按下 SB_3，使电动机 M 反转。

④ 按下 SB_1，电动机进行能耗制动。

5. 思考题

能耗制动与反接制动相比有何优缺点？

※(二) 单向反接制动的控制线路

图 1-68 为单向反接制动控制线路。电动机正常运转时，KM_1通电吸合，KV 的一对常开触点闭合，为反接制动做准备。

当按下停止按钮 SB_1时，KM_1断电，电动机定子绕组脱离三相电源，但电动机因惯性仍以很高的速度旋转，KV 原闭合的常开触点仍保持闭合。当将 SB_1按到底，使 SB_1常开触点闭合，KM_2通电并自锁，电动机定子串接电阻接上反序电源，电动机进入反接制动状态。电动机转速迅速下降，当电动机转速接近 100r/min 时，KV 常开触点复位，KM_2断电，电动机断电，反接制动过程结束。

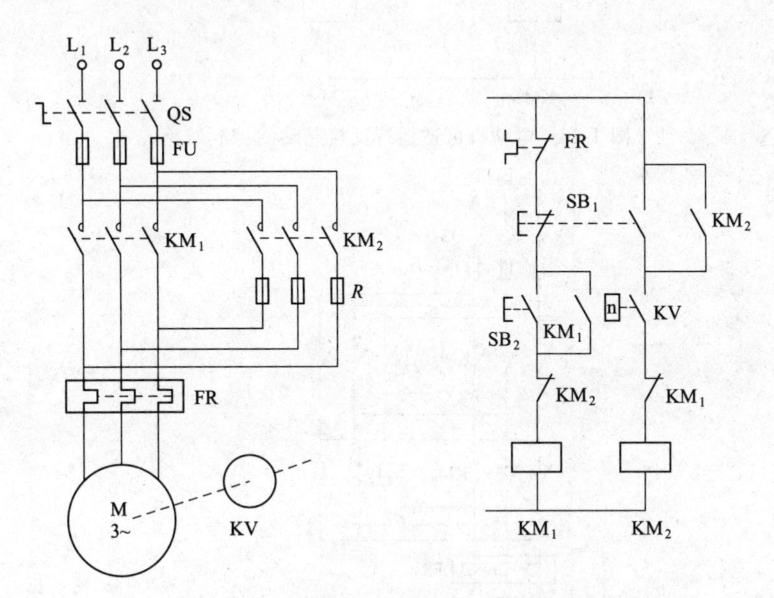

图 1-68　电动机单向反接制动的控制线路

※(三) 可逆运行的反接制动控制线路

如图 1-69 所示，当按下停止按钮 SB_1时，KM_1线圈断电，KM_2线圈随之通电，定子绕组得到反序的电源，电动机进入正向反接制动状态。由于 KV_1常闭触头已打开，所以此时 KM_2自锁触头无法锁住电源。当电动机转子惯性速度接近于零时，KV_1的正转常闭触头和常开触头复位，KM_2断电，正向反接制动结束。该线路的缺点是主电路没有限流电阻，冲击电流大。

图 1-70 为具有反接制动电阻的正反向反接制动控制线路。图中电阻 *R* 是反接制动电阻，同时也具有限制启动电流的作用。该线路工作原理如下：合上电源开关 QS，按下正转启动按钮 SB_2，KA_3通电并自锁，其常闭触头断开，互锁 KA_4线圈电路，KA_3常开触头闭合，使 KM_1线圈通电，KM_1的主触头闭合，电动机串入电阻接入正序电源开始降压启

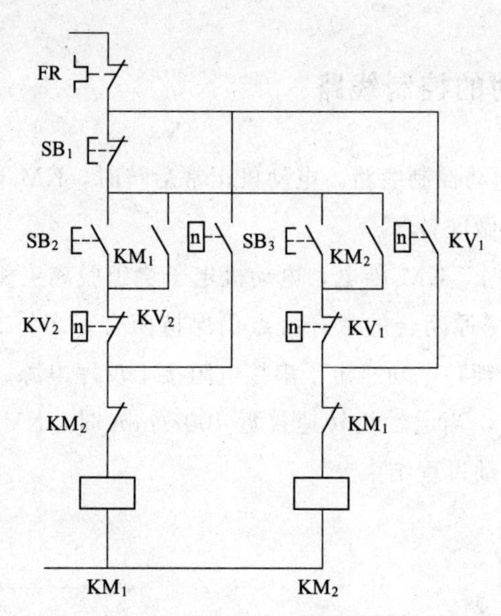

图 1-69 电动机可逆运行反接制动的控制线路

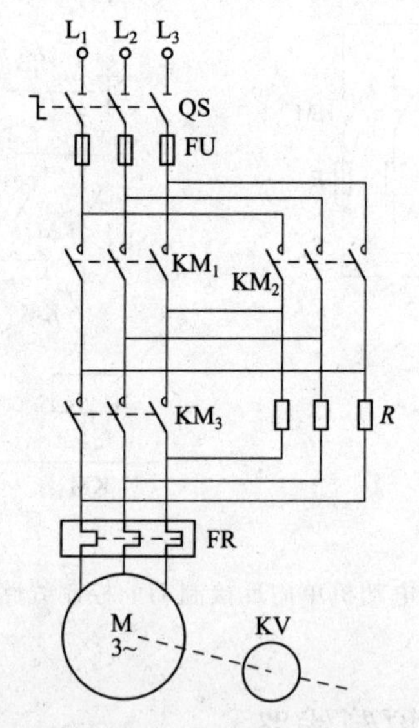

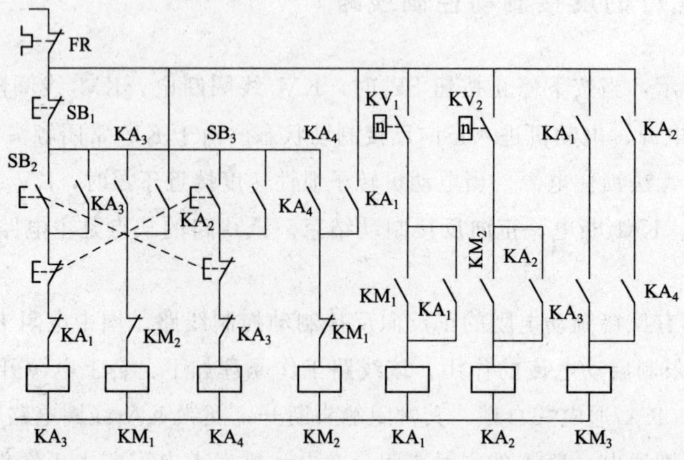

图 1-70 具有反接制动电阻的正反向反接制动控制线路

动。当电动机转速上升到一定值时，KV 的正转常开触头 KV_1 闭合，KA_1 通电并自锁，接触器 KM_3 线圈通电，于是电阻 R 被短接，电动机在全压下进入正常运行。需停车时，按下停止按钮 SB_1，则 KA_3、KM_1、KM_3 三只线圈相继断电。由于此时电动机转子的惯性转速仍然很高，KV_1 仍闭合，KA_1 仍通电，KM_1 常闭触头复位后，KM_2 线圈随之通电，其常开主触头闭合，电动机串接电阻接上反序电源进行反接制动。转子速度迅速下降，当其转速小于 100r/min 时，KV_1 复位，KA_1 线圈断电，接触器 KM_2 释放，反接制动结束。

四、知识拓展

由电动机的原理可知，感应式异步电动机的转速表达式为：

$$n=n_0(1-s)=\frac{60f}{p}(1-s)$$

由此可知电动机的转速与电源频率 f、转差率 s 及定子绕组的磁极对数 p 有关。改变异步电动机的转速可通过三种方法来实现：一是改变电源频率 f；二是改变转差率 s；三是改变磁极对数 p。

(1) 变极式电动机的接线方式

变极式电动机是通过改变半相绕组的电流方向来改变极数。图 1-71 为常用的两种接线图，即△-YY 和 Y-YY。

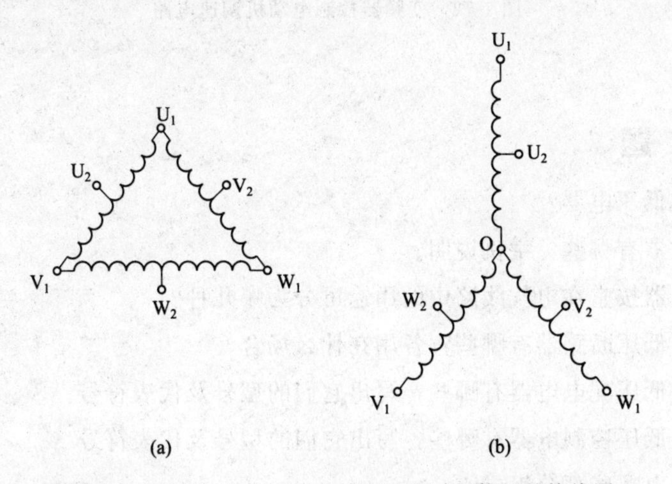

图 1-71　△-YY 和 Y-YY 连接双速电动机绕组的接线图

① △-YY 连接　如图 1-71（a）所示，连接成△形时，将 U_1、V_1、W_1 端接电源，U_2、V_2、W_2 端悬空。连接成 YY 形时，将 U_1、V_1、W_1 端接成 Y 点，将 U_2、V_2、W_2 端接电源。

② Y-YY 连接　如图 1-71（b）所示，连接成 Y 形时，将 U_1、V_1、W_1 端接电源，U_2、V_2、W_2 端悬空。连接成 YY 形时，将 U_1、V_1、W_1 端和中性点 O 连接在一起，将 U_2、V_2、W_2 端接电源。

（2）变频调速方式

变频器应用变频技术与微电子技术，通过改变电机工作电源频率方式来控制交流电动机的电力控制设备。变频器主要由整流（交流变直流）、滤波、逆变（直流变交流）、制动单元、驱动单元、检测单元、微处理单元等组成。变频器靠内部 IGBT 的开断来调整输出电源的电压和频率，根据电机的实际需要来提供其所需要的电源电压，进而达到节能、调速的目的。另外，变频器还有很多的保护功能，如过流、过压、过载保护等。图 1-72 为常见变频器控制电动机调速电路之一。

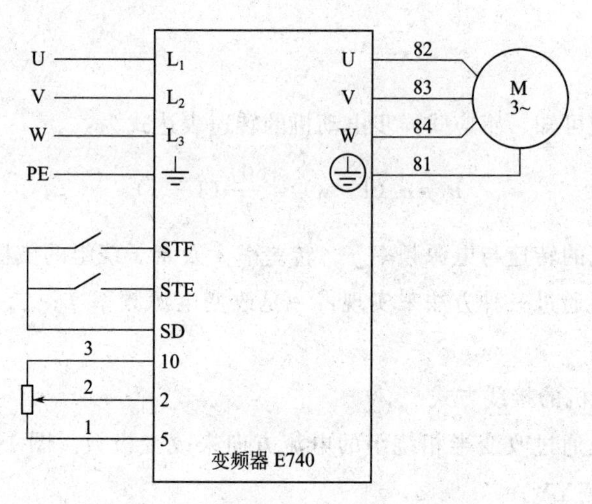

图 1-72 变频器控制电动机调速电路

1-1 什么叫低压电器？

1-2 低压电器有哪些？举例说明。

1-3 低压电器按它在电气线路中的用途可分为哪几种？

1-4 常用的低压断路器有哪些？各用在什么场合？

1-5 常用的低压配电电器有哪些？写出它们的型号及代表符号。

1-6 常用的低压控制电器有哪些？写出它们的型号及代表符号

1-7 接触器由哪些部分组成？

1-8 简述交流接触器在电路中的作用、结构和工作原理。

1-9 自动空气开关有哪些脱扣装置？各起什么作用？

1-10 如何选择熔断器？

1-11 写出下面低压电器的图形符号和文字符号，并简要说出其作用：

（1）行程开关；

（2）过流电流继电器；

（3）欠流电流继电器；

（4）过压电压继电器；

（5）欠压电压继电器；

（6）中间继电器；

（7）通电延时时间继电器；

（8）断电延时时间继电器；

（8）热继电器。

1-12　试说明图 1-40 工作台自动往返循环控制线路中有哪些联锁？这些联锁有什么作用？SQ_3和 SQ_4有什么作用？

1-13　相对于电动机降压启动控制电路，直接启动控制有什么优点？

1-14　继电器的作用与接触器的作用的区别是什么？

1-15　继电器按输入信号不同可分为哪些继电器？

1-16　试简要说明电流继电器与电压继电器的区别。

1-17　简要说明过流继电器与欠流继电器有什么区别？过压继电器与欠压继电器有什么区别？

1-18　在保持电路功能不变的前提下，图 1-56 时间继电器控制双速电动机自动加速控制电路中的断电延时时间继电器是否可以换为通电延时时间继电器？若可以，应怎样修改电路？试画出电路图。

1-19　在电动机的控制线路中，熔断器和热继电器能否相互代替？为什么？

1-20　试分析电动机 Y-△降压启动控制作用。

1-21　分析图 1-73 中各控制电路按正常操作时会出现什么现象？若不能正常工作，怎样加以改进。

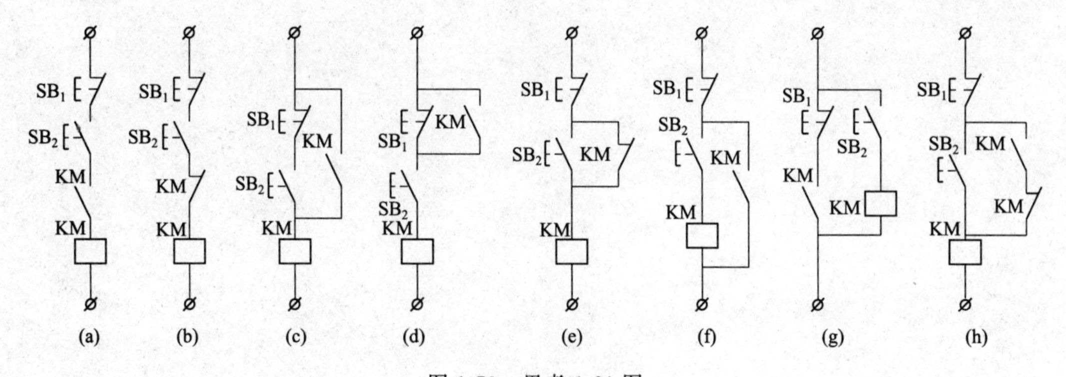

图 1-73　思考 1-21 图

模块二 常见机床控制电路分析与故障排除

任务一 C650型卧式车床控制电路分析

一、任务描述

卧式车床是机械加工中广泛使用的一种机床，可以用来加工各种回转表面、螺纹和端面。卧式车床通常由一台主电动机拖动，经由机械传动链，实现切削主运动和刀具进给运动的输出，其运动速度由变速齿轮箱通过手柄操作进行切换，刀具的快速移动、启停冷却泵和液压泵等常采用单独电动机驱动。不同型号的卧式车床，其主电动机的工作要求不同，因而由不同的控制电路构成。由于卧式车床运动变速是由机械系统完成的，且机床运动形式比较简单，相应的控制电路也比较简单。C650卧式车床属于中型车床，可加工的最大工件回转直径为1020mm，最大工件长度为3000mm。

二、相关知识

1. 普通车床的主要结构及运动形式

普通车床的外观与结构分别如图 2-1、2-2 所示。

图 2-1 普通车床外观图

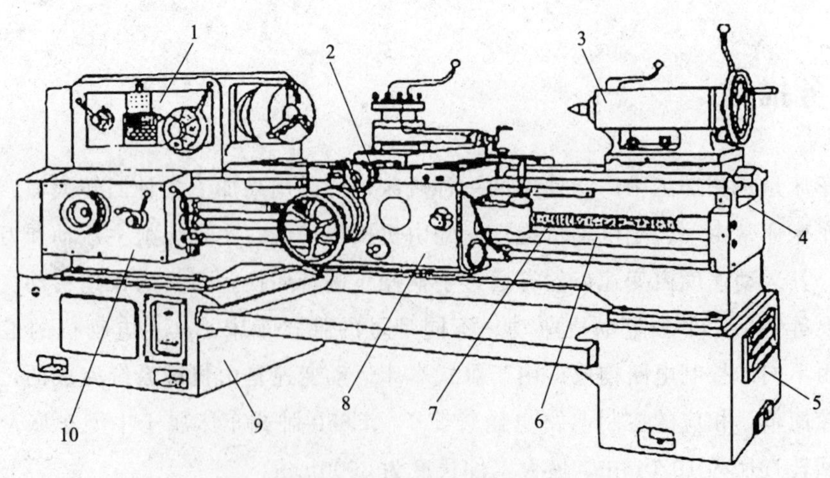

图 2-2 普通车床的结构图

1—主轴箱；2—刀架；3—尾架；4—床身；5,9—床腿；6—光杠；7—丝杠；8—溜板箱；10—进给箱

安装在床身上的主轴箱中的主轴转动，带动装夹在其端头的工件转动；刀具安装在刀架上，与滑板一起随溜板箱沿主轴轴线方向实现进给移动，主轴的转动和溜板箱的移动均由主电动机驱动。由于加工的工件比较大，加工时其转动惯量也比较大，需停车时不易立即停止转动，必须有停车制动的功能。较好的停车制动是采用电气制动。在加工的过程中，还需提供切削液，并且为减轻工人的劳动强度，节省辅助工作时间，要求带动刀架移动的溜板箱能够快速移动。

2. C650 卧式车床电力拖动及控制要求

① 主电动机 M_1（功率为 30kW）完成主轴主运动和刀具进给运动的驱动。电动机采用直接启动的方式启动，可正反两个方向旋转，并可进行正反两个旋转方向的电气停车制动。为加工调整方便，还具有点动功能。

② 电动机 M_2 拖动冷却泵。在加工时提供切削液，采用直接启动停止方式，并且为连续工作状态。

③ 快速移动电动机 M_3，电动机可根据使用需要，随时手动控制启停。

三、任务实施

1. 主电路分析

图 2-3 所示的主电路中有三台电动机的驱动电路，隔离开关 QS 将三相电源引入。电动机 M_1 电路接线分为三部分：第一部分由正转控制交流接触器 KM_1 和反转控制交流接触器 KM_2 的两组主触头构成电动机的正反转接线；第二部分为电流表 A 经电流互感器 TA 接在主电动机 M_1 的动力回路上，以监视电动机绕组工作时的电流变化，为防止电流表被启动电流冲击损坏，利用时间继电器的动断触头，在启动的短时间内将电流表暂时短接掉；第三部分为串联电阻限流控制部分，交流接触器 KM_3 的主触头控制限流电阻 R 的接入和切除。在进行点动调整时，为防止连续的启动电流造成电动机过载，串入限流电阻 R，保证设备正常工作。速度继电器 KV 的速度检测部分与电动机的主轴同轴相连，在停车制动过程中，当主电动机转速为零时，其常开触头可将控制电路中反接制动相应电路切断，完成停车制动。

电动机 M_2 由交流接触器 KM_4 的主触点控制其动力电路的接通与断开。

电动机 M_3 由交流接触器 KM_5 控制。

为保证主电路的正常运行，主电路中还设置了采用熔断器的短路保护环节和采用热继电器的电动机过载保护环节。

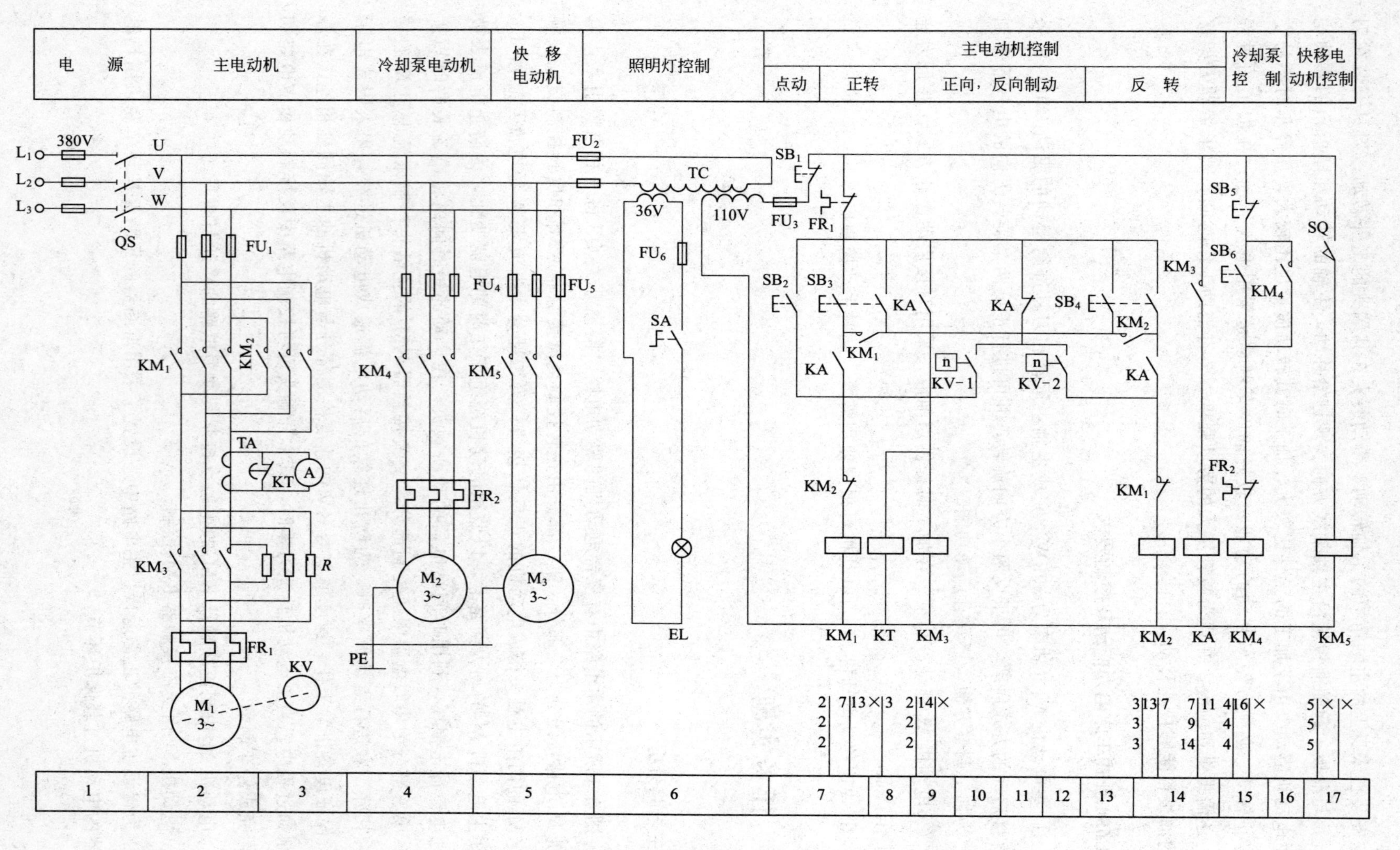

图 2-3 普通车床主电路中的电动机驱动电路

2. 控制电路分析

控制电路可划分为主电动机 M_1 的控制电路和电动机 M_2 与 M_3 的控制电路两部分。由于主电动机控制电路部分较复杂，因而还可以进一步将主电动机控制电路划分为正反转启动和点动局部控制电路与停车制动局部控制电路。它们的局部控制电路分别见图 2-4。下面对各部分控制电路逐一进行分析。

（1）主电动机正反转启动与点动控制

由图 2-4（a）可知，当正转启动按钮 SB_3 压下时，其两常开触点同时动作闭合，一常开触点接通交流接触器 KM_3 的线圈电路和时间继电器 KT 的线圈电路，时间继电器的常闭触点在主电路中短接电流表 A，经延时断开后，电流表接入电路正常工作。KM_3 的主触点将主电路中限流电阻短接，其辅助动合触点同时将中间继电器 KA 的线圈电路接通，KA 的常闭触点将停车制动的基本电路切除，其动合触点与 SB_3 的动合触点均在闭合状态，控制主电动机的交流接触器 KM_1 的线圈电路得电工作，其主触点闭合，电动机正向直接启动，启动结束。反向直接启动控制过程与其相同，只是启动按钮为 SB_4。

SB_2 为主电动机点动控制按钮，按下 SB_2 点动按钮，直接接通 KM_1 的线圈电路，电动机 M_1 正向直接启动，这时 KM_3 线圈电路并没接通，因此其主触点不闭合，限流电阻 R 接入主电路限流，其辅助动合反接制动。反转时的反接制动工作过程相似，此时反转状态下，KV-1 触点闭合，制动时，接通接触器 KM_1 的线圈电路，进行反接制动。

（2）主电动机反接制动控制电路

图 2-4（b）所示为主电动机反接制动控制电路的构成。C650 卧式车床采用反接制动的方式进行停车制动，停止按钮按下后开始制动过程，当电动机转速接近零时，速度继电器的触点打开，结束制动。这里以原工作状态为正转时进行停车制动过程为例，说明电路的工作过程。当电动机正向转动时，速度继电器 KV 的常闭触点 KV_2 动闭合，制动电路处于准备状态，压下停车按钮 SB_1，切断电源，KM_1、KM_3、KA 线圈均失电，此时控制反接制动电路工作与不工作的 KA 动断触点恢复原状闭合，与 KV-2 触点一起，将反向启动接触器 KM_2 的线圈电路接通，电动机 M_1 反向启动，反向启动转矩将平衡正向惯性转动转矩，强迫电动机迅速停车，当电动机速度趋近于零时，速度继电器触点 KV-2 复位打开，切断 KM_2 的线圈电路，完成正转的反接制动。反转时的反接制动工作过程相似，此时反转状态下，KV-1 触点闭合，制动时，接通接触器 KM_1 的线圈电路，进行反接制动。

（3）刀架的快速移动和冷却泵电动机的控制

刀架快速移动是由转动刀架手柄压动位置开关 SQ，接通快速移动电动机 M_3 的控制接触器 KM_5 的线圈电路，KM_5 的主触点闭合，M_3 电动机启动，经传动系统驱动溜板箱带动刀架快速移动。

冷却泵电动机 M_2 由启动按钮 SB_6、停止按钮 SB_5 控制接触器 KM_4 线圈电路的通断，以实现电动机 M_3 的长动工作控制。

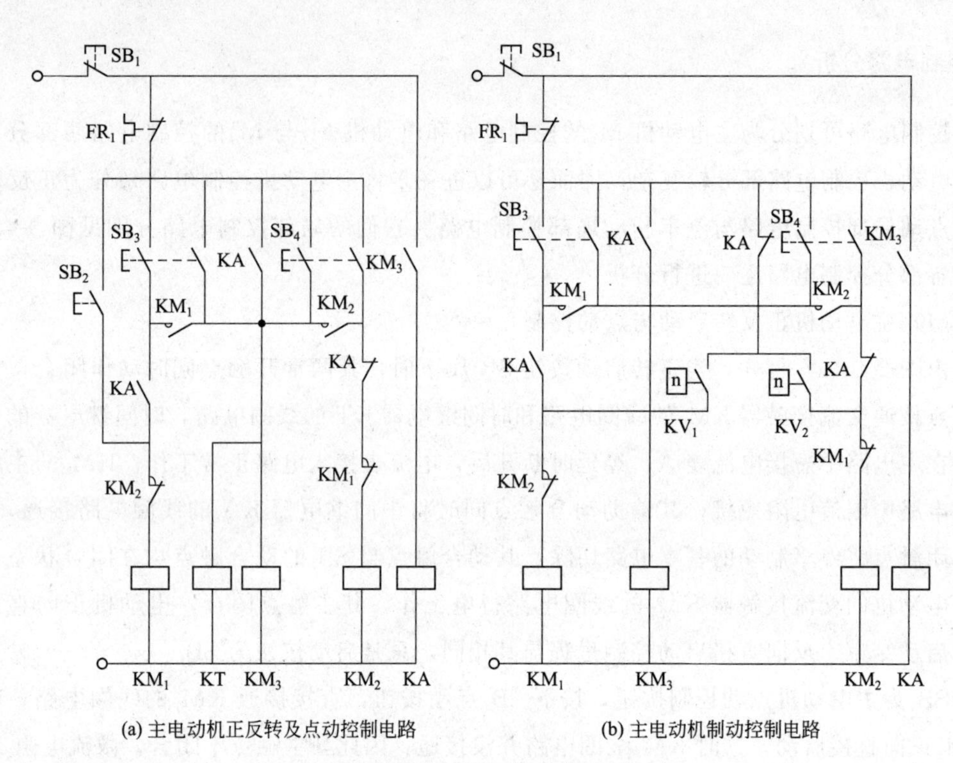

图 2-4　控制主电动机的基本控制电路

四、拓展知识

1. 电气原理图的分析方法

（1）机械设备概况调查

应了解被控设备的结构组成及工作原理、设备的传动系统类型及驱动方式、主要技术性能及规格、运动要求。

（2）电气设备及电气元件选用

明确电动机作用、规格和型号以及工作控制要求，了解所用各种电器的工作原理、控制作用及功能。这里的电气元件包括各类主令信号发出元件和开关元件，如按钮、选择开关、各种位置和限位开关等，各种继电器类的控制元件如接触器、中间继电器、时间继电器等，各种电气执行件如电磁离合器、电磁换向阀等，以及保证线路正常工作的其他电气元件，如变压器、熔断器、整流器等。

（3）机械设备与电气设备和电气元件的连接关系

在了解被控设备和采用的电气设备、电气元件的基本状况基础上，还应确定两者之间的连接关系，即信息采集传递和运动输出的形式和方法。信息采集传递是通过设备上的各种操作手柄、撞块、挡铁及各种现场信息检测机构作用在主令信号发出元件上，将信号采集传递到电气控制系统中，因此其对应关系必须明确。运动输出由电气控制系统中的执行件将驱动力送到机械设备上的相应点，以实现设备要求的各种动作。

（4）总体分析

在掌握了设备及电气控制系统的基本条件之后，即可对设备控制电路进行具体的分析。通常分析电气控制系统时，要结合有关的技术资料将控制电路划分成若干个电路部分，逐一进行分析。划分后的局部电路构成简单明了，控制功能单一或由少数简单控制功能组合，给分析电路带来极大的方便。进行电路划分时，可依据驱动形式，将电路初步划分为电动机控制电路部分和气动、液压驱动控制电路部分，以及根据被控电动机的台数，将电动机控制电路部分加以划分，使每台电动机的控制电路成为一个局部电路部分。在控制要求复杂的电路部分，还可进一步细划分，使一个基本控制电路或若干个简单基本控制电路部分成为一个局部电路分析单元。

2. 机械设备电气控制系统的分析步骤

（1）设备运动分析

对由液压系统驱动的设备还需进行液压系统工作状态分析。

（2）主电路分析

确定动力电路中用电设备的数目、接线状况及控制要求、控制执行件的设置及动作要求，如交流接触器主触头的位置、各组主触头分/合的动作要求、限流电阻的接入和短接等。

（3）控制电路分析

分析各种控制功能的实现。

任务二　X62W 型铣床控制线路的分析与故障排除

一、任务描述

X62W 型万能升降台铣床可用于平面、斜面和沟槽等加工，安装分度头后可铣切直齿齿轮、螺旋面，使用圆工作台可以铣切凸轮和弧形槽，是一种常用的通用机床。一般中小型铣床都采用三相笼型异步电动机拖动，并且主轴旋转主运动与工作台进给运动分别由单独的电动机拖动。铣床主轴的主运动为刀具的切削运动，它有顺铣和逆铣两种加工方式。工作台的进给运动有水平工作台左右（纵向）、前后（横向）以及上下（垂直）方向的运动，有圆工作台的回转运动。下面以 X62W 型铣床为例，分析中小型铣床的控制电路，熟悉 X62W 型铣床控制线路及其操作，掌握铣床电气设备的调试、故障分析及排除故障的方法。

二、相关知识

1. X62W 型铣床的主要结构

X62W 型铣床由床身、主轴、刀杆、横梁、工作台、回转盘、横溜板和升降台等部分组成，其外观和结构分别如图 2-5 和图 2-6 所示。

图 2-5　X62W 型铣床外观图

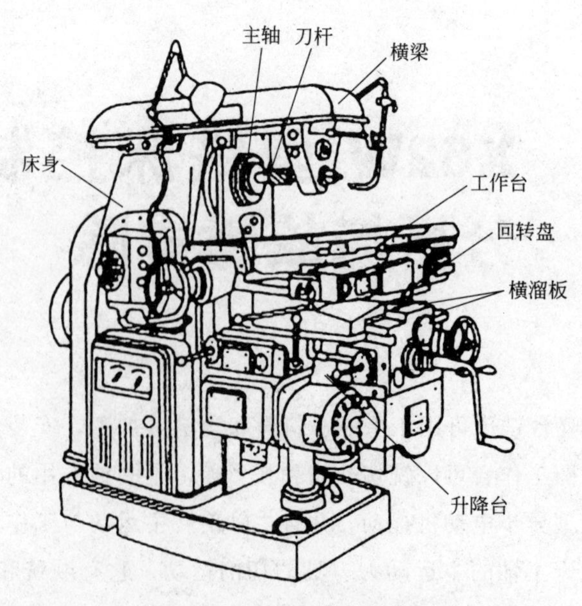

图 2-6　X62W 型铣床结构图

2. X62W 型铣床的主要运动形式

① 主轴转动是由主轴电动机通过弹性联轴器来驱动传动机构，当机构中的一个双联滑动齿轮块啮合时，主轴即可旋转。

② 工作台面的移动是由进给电动机驱动的，它通过机械机构使工作台能进行 3 种形式 6 个方向的移动，即：工作台面能直接在溜板上部可转动部分的导轨上做纵向（左、右）移动；工作台面借助横溜板做横向（前、后）移动；工作台面还能借助升降台做垂直（上、下）移动。

3. X62W 型铣床对电气线路的要求

① 要求有三台电动机，分别称为主轴电动机、进给电动机和冷却泵电动机。

② 由于加工时有顺铣和逆铣两种，所以要求主轴电动机能正反转及在变速时能瞬时冲动一下，以利于齿轮的啮合，并要求能制动停车和实现两地控制。

③ 工作台的 3 种运动形式、6 个方向的移动是依靠机械的方法来达到的，对进给电动机要求能正反转，且要求纵向、横向、垂直三种运动形式相互间应有联锁，以确保操作安全。同时要求工作台进给变速时，电动机也能瞬间冲动、快速进给及两地控制等要求。

④ 冷却泵电动机只要求正转。

⑤ 进给电动机与主轴电动机需实现两台电动的联锁控制，即主轴工作后才能进行进给。

三、任务实施

X62W 型铣床控制线路的调试分析

X62W 型铣床电气控制线路如图 2-7 所示，由主电路、控制电路和照明电路三部分组成。

(1) 主电路

有三台电动机，M_1是主轴电动机，M_2是进给电动机，M_3是冷却泵电动机。主轴电动机 M_1通过换相开关 SA_5与接触器 KM_1配合，能进行正反转控制，而与接触器 KM_2、制动电阻器 R 及速度继电器的配合，能实现串电阻瞬时冲动和正反转反接制动控制，并能通过机械进行变速。

进给电动机 M_2能进行正反转控制，通过接触器 KM_3、KM_4与行程开关及 KM_5、牵引电磁铁 YA 配合，能实现进给变速时的瞬时冲动、6 个方向的常速进给和快速进给控制。

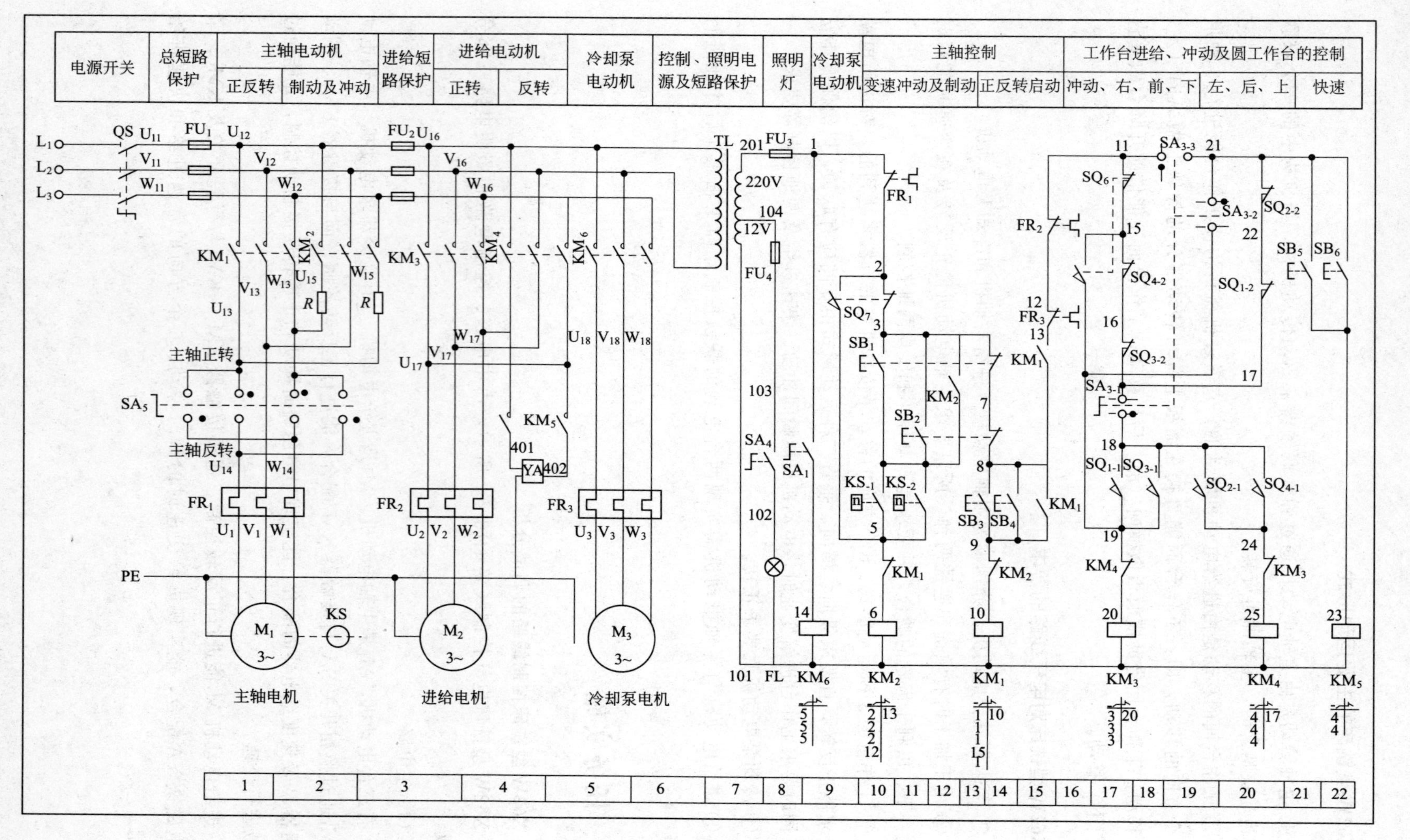

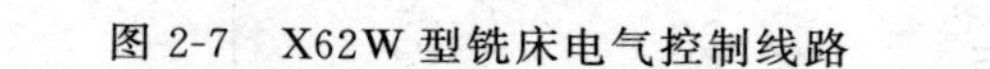

图 2-7 X62W 型铣床电气控制线路

冷却泵电动机 M_3 只能正转。熔断器 FU_1 作机床总短路保护，也兼作 M_1 的短路保护；FU_2 作为 M_2、M_3 及控制变压器 TC、照明灯 EL 的短路保护；热继电器 FR_1、FR_2、FR_3 分别作为 M_1、M_2、M_3 的过载保护。

(2) 主轴控制电路

① SB_1、SB_3 与 SB_2、SB_4 是分别装在机床两边的停止（制动）和启动按钮，实现两地控制，方便操作。

② KM_1 是主轴电动机启动接触器，KM_2 是反接制动和主轴变速冲动接触器。

③ SQ_7 是与主轴变速手柄联动的瞬时动作行程开关。

④ 主轴电动机需启动时，要先将 SA_5 扳到主轴电动机所需要的旋转方向，然后再按启动按钮 SB_3 或 SB_4 来启动电动机 M_1。

⑤ M_1 启动后，速度继电器 KS 的一副常开触点闭合，为主轴电动机的停转制动做好准备。

⑥ 停车时，按停止按钮 SB_1 或 SB_2 切断 KM_1 电路，接通 KM_2 电路，改变 M_1 的电源相序进行串电阻反接制动。当 M_1 的转速低于 120r/min 时，速度继电器 KS 的一副常开触点恢复断开，切断 KM_2 电路，M_1 停转，制动结束。

据以上分析可写出主轴电机转动（即按 SB_3 或 SB_4）时控制线路的通路为 1－2－3－7－8－9－10－KM_1 线圈－O；主轴停止与反接制动（即按 SB_1 或 SB_2）时的通路为 1－2－3－4－5－6－KM_2 线圈－O 。

⑦ 主轴电动机变速时的瞬动（冲动）控制，是利用变速手柄与冲动行程开关 SQ_7 通过机械上联动机构进行控制的。

变速时，先下压变速手柄，然后拉到前面，当快要落到第二道槽时，转动变速盘，选择需要的转速。此时凸轮压下弹簧杆，使冲动行程 SQ_7 的常闭触点先断开，切断 KM_1 线圈的电路，电动机 M_1 断电；同时 SQ_7 的常开触点后接通，KM_2 线圈得电动作，M_1 被反接制动。当手柄拉到第二道槽时，SQ_7 不受凸轮控制而复位，M_1 停转。接着把手柄从第二道槽推回原始位置时，凸轮又瞬时压动行程开关 SQ_7，使 M_1 反向瞬时冲动一下，以利于变速后的齿轮啮合。

但要注意，不论是开车还是停车时，都应以较快的速度把手柄推回原始位置，以免通电时间过长，引起 M_1 转速过高而打坏齿轮。图 2-8 是主轴变速冲动控制示意图。

(3) 工作台进给电动机控制

工作台的纵向、横向和垂直运动都由进给电动机 M_2 驱动，接触器 KM_3 和 KM_4 使 M_2 实现正反转，用以改变进给运动方向。它的控制电路采用了与纵向运动机械操作手柄联动的行程开关 SQ_1、SQ_2 和横向及垂直运动机械操作手柄联动的行程开关 SQ_3、SQ_4 组成复合联锁控制。即在选择 3 种运动形式的 6 个方向移动时，只能进行其中一个方向的移动，以确保操作安全。当这两个机械操作手柄都在中间位置时，各行程开关都处于原始状态，如图所示。

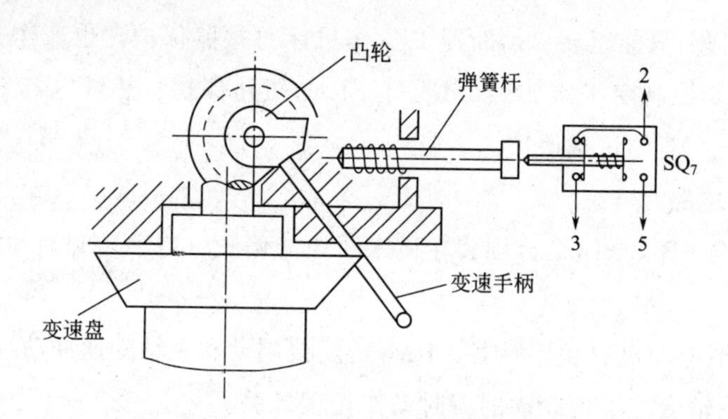

图 2-8 主轴变速冲动控制示意图

由原理图可知，M_2电机在主轴电机 M_1启动后才能进行工作。在机床接通电源后，将控制圆工作台的组合开关 SA_{3-2}（21－19）扳到断开状态，使触点 SA_{3-1}（17－18）和 SA_{3-3}（11－21）闭合，然后按下 SB_3或 SB_4，这时接触器 KM_1吸合，使 KM_1（8－12）闭合，就可进行工作台的进给控制。

① 工作台纵向（左右）运动的控制　工作台的纵向运动是由进给电动机 M_2驱动，由纵向操纵手柄来控制。此手柄是复式的，一个安装在工作台底座的顶面中央部位，另一个安装在工作台底座的左下方。手柄有三个：向左、向右、零位。当手柄扳到向右或向左运动方向时，手柄的联动机构压下行程开关 SQ_2或 SQ_1，使接触器 KM_4或 KM_3动作，控制进给电动机 M_2的转向。工作台左右运动的行程，可通过调整安装在工作台两端的撞铁位置来实现。当工作台纵向运动到极限位置时，撞铁撞动纵向操纵手柄，使它回到零位，M_2停转，工作台停止运动，从而实现了纵向终端保护。

工作台向左运动　在 M_1启动后，将纵向操作手柄扳至向右位置，一方面机械接通纵向离合器，同时在电气上压下 SQ_2，使 SQ_{2-2}断，SQ_{2-1}通，而其他控制进给运动的行程开关都处于原始位置，此时使 KM_4吸合，M_2反转，工作台向左进给运动。其控制电路的通路为：11－15－16－17－18－24－25－KM_4线圈－O。

工作台向右运动　当纵向操纵手柄扳至向左位置时，机械上仍然接通纵向进给离合器，但却压动了行程开关 SQ_1，使 SQ_{1-2}断，SQ_{1-1}通，使 KM_3吸合，M_2正转，工作台向右进给运动，其通路为：11－15－16－17－18－19－20－KM_3线圈－O。

② 工作台垂直（上下）和横向（前后）运动的控制　工作台的垂直和横向运动，由垂直和横向进给手柄操纵。此手柄也是复式的，有两个完全相同的手柄分别装在工作台左侧的前、后方。手柄的联动机械一方面压下行程开关 SQ_3或 SQ_4，同时能接通垂直或横向进给离合器。操纵手柄有 5 个位置（上、下、前、后、中间），5 个位置是联锁的，工作台的上下和前后的终端保护是利用装在床身导轨旁与工作台座上的撞铁，将操纵十字手柄撞到中间位置，使 M_2断电停转。

工作台向后（或者向上）运动的控制　将十字操纵手柄扳至向后（或者向上）位置时，机械上接通横向进给（或者垂直进给）离合器，同时压下 SQ_3，使 SQ_{3-2}断，SQ_{3-1}

通，使 KM_3 吸合，M_2 正转，工作台向后（或者向上）运动。其通路为 11－21－22－17－18－19－20－KM_3 线圈－O。

工作台向前（或者向下）运动的控制　将十字操纵手柄扳至向前（或者向下）位置时，机械上接通横向进给（或者垂直进给）离合器，同时压下 SQ_4，使 SQ_{4-2} 断，SQ_{4-1} 通，使 KM_4 吸合，M_2 反转，工作台向前（或者向下）运动。其通路为：11－21－22－17－18－24－25－KM4 线圈－O。

③ 进给电动机变速时的瞬动（冲动）控制　变速时，为使齿轮易于啮合，进给变速与主轴变速一样，设有变速冲动环节。当需要进行进给变速时，应将转速盘的蘑菇形手轮向外拉出并转动转速盘，把所需进给量的标尺数字对准箭头，然后再把蘑菇形手轮用力向外拉到极限位置并随即推向原位，在一次操纵手轮的同时，其连杆机构二次瞬时压下行程开关 SQ_6，使 KM_3 瞬时吸合，M_2 做正向瞬动。其通路为 11－21－22－17－16－15－19－20－KM_3 线圈—O。由于进给变速瞬时冲动的通电回路要经过 SQ_1～SQ_4 四个行程开关的常闭触点，因此只有当进给运动的操作手柄都在中间（停止）位置时，才能实现进给变速冲动控制，以保证操作时的安全。同时，与主轴变速时冲动控制一样，电动机的通电时间不能太长，以防止转速过高，在变速时打坏齿轮。

④ 工作台的快速进给控制　为提高劳动生产率，要求铣床在不做铣切加工时，工作台能快速移动。

工作台快速进给也是由进给电动机 M_2 来驱动的，在纵向、横向和垂直 3 种运动形式 6 个方向上都可以实现快速进给控制。

主轴电动机启动后，将进给操纵手柄扳到所需位置，工作台按照选定的速度和方向做常速进给移动时，再按下快速进给按钮 SB_5（或 SB_6），使接触器 KM_5 通电吸合，接通牵引电磁铁 YA，电磁铁通过杠杆使摩擦离合器合上，减少中间传动装置，使工作台按运动方向做快速进给运动。当松开快速进给按钮时，电磁铁 YA 断电，摩擦离合器断开，快速进给运动停止，工作台仍按原常速进给时的速度继续运动。

(4) 圆工作台运动控制

铣床如需铣切螺旋槽、弧形槽等曲线时，可在工作台上安装圆形工作台及其传动机械，圆形工作台的回转运动也是由进给电动机 M_2 传动机构驱动的。

圆工作台工作时，应先将进给操作手柄都扳到中间（停止）位置，然后将圆工作台组合开关 SA_3 扳到圆工作台接通位置。此时 SA_{3-1} 断，SA_{3-3} 断，SA_{3-2} 通。准备就绪后，按下主轴启动按钮 SB_3 或 SB_4，则接触器 KM_1 与 KM_3 相继吸合。主轴电机 M_1 与进给电机 M_2 相继启动并运转，而进给电动机仅以正转方向带动圆工作台做定向回转运动。其通路为：11－15－16－17－22－21－19－20－KM_3 线圈－O。由上可知，圆工作台与工作台进给有互锁，即当圆工作台工作时，不允许工作台在纵向、横向、垂直方向上有任何运动。若误操作而扳动进给运动操纵手柄（即压下 SQ_1～SQ_4、SQ_6 中任一个），M_2 即停转。

四、知识拓展

1. 电气控制电路常见故障

在一个电路中，排除元器件自身故障和电源故障以外的所有破坏电路正常工作的故障，称为电路故障。电路故障主要分为以下几个方面。

（1）短路故障

短路故障是指电路中用导体把不同电位的两点短接起来，导致电路不能正常工作。机床由于操作不当，缺乏保养或者由于设备本身存在质量问题等原因，都容易引起短路故障。例如，经常处于潮湿的环境中使电气线路的绝缘性能下降，电气线路中的绝缘体由于使用时间长，因老化、磨损或意外刺伤等原因而损坏；由于机床得不到良好的保养，导致接线柱之间的油污等污垢长期积累，使接线柱放电通导；由于线路连接处松动使得接触电阻增大，工作时间一长，电阻过热，可能产生电火花引起短路。

（2）断路故障

断路故障是指电路中的某条回路出现故障，导致电路断开，电流不能正常流通。产生断路的原因主要是：线路中出现断点，由于机床没有按时检修和保养，电路中一些导线被腐蚀而断裂；机床振动导致连接点处的导线脱落等原因，都可能导致断路故障。机床电气控制电路出现断路现象会切断电路中的电流，使系统断电，导致机床中的用电设备停止工作。

（3）接地故障

接地故障是指电路中某点在非正常的条件下与地面接触引起的故障。接地故障分为单相接地故障和两相或三相接地故障。

通常情况下的接地故障为单线接地，主要原因是机床使用时间过长，缺乏合理的检修和维护，电路中很多线路的绝缘体损坏，绝缘能力下降，使固定支架或机壳与金属线接触而接地。对于中性点不接地的单相接地，会严重影响三相对地电压，容易引起电气绝缘击穿的故障。

如果接地故障为两线接地，会导致机床中的某些用电设备因为电压降低为零而停止工作，情况严重的还会因为两线接地故障引起短路故障。

（4）电路参数配合故障

只有电路中各种电气元件参数相互匹配，整个电路才能正常工作，否则会因为电路参数的匹配问题造成电路参数配合故障，影响机床正常运转。

（5）连接故障

只有元器件都按照一定的顺序连接，电气控制电路才能正常工作。如果连接顺序被打乱，三相电路中的三角形连接或星形连接的连接顺序出错，电路中的某个元器件被多接或漏接，都会引起连接故障，影响电路正常工作。

（6）极性故障

如果在电路的连接中把直流电流的正负极或交流电路的异名端和同名端接反了，会导致元器件或机床无法正常工作，这种故障称为极性故障。

2. 机床电气控制电路常见故障的分析方法

（1）观察分析法

分析故障最直接有效的方法就是观察分析法，通过观察机床电气控制电路的实际情况，对故障进行分析处理。例如，通过观察元器件是否破损、连接螺钉有无脱落、是否出现脱线或断线现象、电路中是否有烧焦现象、有无冒烟或冒火现象；螺旋熔断器的指示器有没有跳出，热继电器的脱扣装置和自动开关有无动作；电动机能否正常运转；接触点有无氧化和积尘现象；是否有受潮的元器件和接插件等。

（2）询问分析法

就是通过向机床的直接操作者或故障的目击者了解机床发生故障的经过。询问主要包括：机床工作前、工作中和发生故障后机床运行情况，了解机床是自行停车，还是操作者在发现故障后人工停车；机床是在进行哪道工序时出现故障的，在进行这道工序时进行了哪些操作；故障发生过程中，机床有没有出现冒烟、冒火和气味等异常现象；询问机床是否发生过类似故障等。

（3）听分析法

就是通过听变压器、电动机和接触器等器件出现故障后的工作声音和正常工作声音的区别，圈定故障范围，分析故障原因。例如，电气箱内有闪光或发出的声响较大，可能是因为相线接地、导线短路或元器件的绝缘体失效等原因引起的；如果电机启动噪声较大，可能是由于电压过低、缺相运行或电机故障引起的；如果接触器发出很大的噪声，可能是由于线圈、机械卡阻电压过低、铁芯极面有油污或短路环断裂等原因引起的。所以，通过听分析法，可以大致判定故障范围，降低工作强度。

（4）接触分析法

就是在安全的前提下，通过接触机床产生的感觉判断电路故障。通过接触判断松紧度，分析故障。例如，用手压三相触头，判断压力是否足够或是否有松动现象；通过对电气元件的活动部位进行分合，判断是否有卡阻，活动部位是否灵活；通过转动电动机转轴，判断转轴的松紧度是否合适；通过接触判断温度变化，分析故障。故障发生后，关掉机床，通过手对变压器和电动机的接触，感知温度变化，判断触头、线圈等是否过热。为了避免工作人员采用接触分析法时烫伤手指，一定要要注意触摸方式，先把右手各手指并拢，用指背中指节轻轻试触元器件表面，确定对皮肤无伤后，再用手掌触摸。通过接触判断振动变化，分析故障。通过触摸接触器、电动机等的振动幅度，判断元器件是否振动过度分析故障，振动可能导致接线螺栓松动、熔断器松动和继电器误操作等。

（5）闻分析法

如果电路故障引起胶木烧焦炭化，电气元件绝缘层被击穿或者其他可燃物质燃烧或氧化蒸发产生焦煳气、油烟气等异味，都可以通过“闻”分析法检验故障。

思考题

2-1　试述 C650 卧式车床主电机的制动工作过程。

2-2　举例说明电气控制电路有哪些常见故障？

2-3　X62W 铣床中具有哪些联锁与保护环节？各由什么电气元件来实现？

2-4　X62W 铣床主轴电动机变速时的瞬动（冲动）控制的作用是什么？试说明控制过程。

2-5　X62W 万能铣床控制电路中，若发生下列故障，请分别分析其故障原因。

（1）主轴停车时，正、反方向都没有制动作用。

（2）进给运动中，不能向前右，能向后左，也不能实现圆工作台运动。

（3）进给运动中，能上下左右前，不能后。

2-6　请设计一台机床控制线路。该机床共有三台电动机：主轴电动机 M_1、润滑泵电动机 M_2、冷却泵电动机 M_3，设计要求如下：

（1）M_1单向运转，有机械换向装置，采用能耗制动；

（2）M_2、M_3共用一只接触器控制，如 M_3不需工作，可通过转换开关 SA 切断；

（3）主轴可点动试车且主轴电动机必须在润滑泵电动机工作 3min 后才能启动；

（4）电网电压及控制线路电压均为 380V，照明电压 36V；

（5）必要的保护及照明。

参考文献

[1] 彭金华. 电气控制技术基础与实训. 北京：科学出版社，2009.
[2] 郭辉. 电工与电气控制基础. 北京：化学工业出版社，2009